생명이 살아 숨쉬는
한국의 아름다운 강

| 민병준 지음 |

가림출판사

돌이켜보면 강 이야기를 쓰던 지난 겨울은 매우 소중한 시간이었다. 아름다운 우리 땅의 무게중심을 산줄기가 아닌 물줄기에 두고 다시 한 번 찬찬히 되돌아보는 계기가 되었다. 강을 사랑하는 마음도 전보다 훨씬 깊어졌음은 두말 할 나위도 없다.

강은 인류가 모여 살면서 남긴 흔적이 고스란히 남아 있는 통시적인 공간이다. 지배계층이 남긴 거창한 문화유산과 이름 없는 민초들이 엮어낸 삶의 흔적들이 넘쳐나는 강줄기를 짧은 문장으로 표현하는 일은 쉽지 않았다.

옛말에 "물은 사람을 모으고 산은 사람을 가른다."고 했다. 백 번 옳은 소리는 아닐지라도 어느 정도는 수긍할 수 있는 말이다. 그래서 이 책에서는 수계를 중요하게 따졌다. 또 본류로 흘러드는 지류라 해도 우리의 관심을 끌 만한 곳은 빼놓지 않았다. 결국 이 책은 '물길 따라 엮어본 문화사' 정도로 이해할 수 있겠다.

아쉽다면 물줄기에 기대어 살아가는 사람들의 이야기를 마음껏 다루지 못했다는 사실이다. 하여 기회가 된다면 이 땅의 강줄기를 온전히 두 발로 걸으면서, 그 강변에 터를 잡고 누대를 걸쳐 살아온 사람들의 이야기를 엮어보고 싶다. 그들과 같이 모내기도 하고, 웃고 떠들며 막걸리도 마시고, 같이 한숨도 내쉬면서 말이다.

마지막으로 이 책에 다루지 못한 수많은 강들에게는 면목이 없다. 허나 이 말만은 들려주고 싶다. 그 강들의 미모가 덜 빼어나서도 아니요, 이 나그네가 그 강들을 덜 사랑해서도 아니요, 단지 나그네의 능력이 부족했기 때문이라고 말이다. 독자 여러분께도 같은 말씀을 드린다.

2005년 6월

불암산방에서 민 병 준

CONTENTS

차
례

이 골짜기에 묻혀 사는 이들은 예전엔 해마다 산에 불을 놓아 밭을 일궈 옥수수와 감자를 부쳐먹고, 약초를 캐고, 나물을 뜯으며 생계를 유지했다. 강원도 화전민들과 전혀 다를 바 없는 삶을 살았던 것이다.

굽이마다 절경 펼쳐진 수도권의 보석

가평천

한 북정맥의 도마치봉(937m)에서 발원해 경기도 가평 고을의 북부를 적시고 흐르는 가평천(加平川)은 수도권 제일의 청정지역을 어루만지는 물줄기다. 국망봉(1168m), 강씨봉(830.2m), 명지산(1267m), 화악산(1468m) 등 수도권 최고의 산악지대에 솟은 산들을 휘돌아 흐르면서 수많은 절경을 풀어놓았고, 첩첩산중의 울창한 수림에는 수많은 동식물이 서식하는 등 자연생태계가 완벽하게 보존되어 있다. 가히 수도권의 보석이라 할 만하다.

加平川

경춘선 열차가 가평천을 가로질러 달리고 있다.

가평천으로 흘러드는 많은 지류 가운데 최고의 절경은 연인산(1068m)에서 발원해 흐르는 승안리의 용추구곡이다. 용이 하늘로 날아오르며 아홉 굽이의 그림 같은 경치를 수놓았다는 곳이다. 가평 군청 앞에서 75번 국도를 타고 북면 방향으로 1km쯤 간 다음, 좌회전해 승안천을 4km 거슬러 오르면 용추구곡이 나온다. 높이 5m 정도의 용추폭포로 시작하여 ① 와룡추, ② 무송암, ③ 탁령뇌, ④ 고실탄, ⑤ 일사대, ⑥ 추월담, ⑦ 청풍협, ⑧ 귀유연, ⑨ 농완계 이렇게 아홉 군데의 비경을 따로 옥계구곡이라 일컫는다. 한여름에는 더위를 느낄 틈이 없을 정도로 서늘하다.

가평 읍내에서 가평천 본류를 거슬러 오르다 가장 먼저 만나는 것은 의외로 전투 기념비다. 1951년 4월, 중공군의 제1차 '춘계공세' 당시 사창리지역의 국군 제6사단 전선이 무너지자 중공 제20군은 가평 방면으로 돌파구를 확대하고 있었고, 4월 23일에서 25일 사이에 가평천 주변에서 벌어졌던 가평전투는 당시 영연방 제27여단이 가평천 일대에서 이들의 침공을 저지한 방어전투이다. 바로 가평천 주변은 '춘계공세'의 현장인데, 이곳에 세워져 있는 전투 기념비는 머나먼 이국 땅에서 산화한 외국의 젊은이들을 기리는 것이다. 당시 영연방의 참전 피해는 사망, 실종, 부상자를 합해 모두 7054명에 이른다.

읍내에는 영국·캐나다·뉴질랜드·호주에서 온 군인들의 넋을 위로하기 위해 세운 '영연방 참전 기념비'가 있고, 북면 이곡리에는 캐나다 전투 기념비가, 멀지 않은 목동리 언덕길에는 호주·뉴질랜드 전투 기념비가 나란히 서 있다.

가평천의 중상류를 이루는 북면지역은 한북정맥 분수령이 가까워지기 때문에 산도 높고 골도 깊다. 경기도에서 가장 높은 묏봉우리인 화악산(1468m)이 바로 여기에 있다. 또 후백제의 불운한 영웅 궁예가 말년에 도망을 다니다 빼앗긴 나라를 망연히 바라보았다는 전설이 서린 국망봉(1168m)을 비롯해 명지산(1250m), 촉대봉(1125m) 등 가평천을 둘러싸고 있는 주변의 산들은 대부분 해발 1000m를 훌쩍 넘는다.

이 골짜기에 묻혀 사는 이들은 예전엔 해마다 산에 불을 놓아 밭을 일궈 옥수수와 감자를 부쳐먹고, 약초를 캐고, 나물을 뜯으며 생계를 유지했다. 강원도 화전민들과 전혀 다를 바 없는 삶을 살았던 것이다. 그러나 이들도 1970년대 초반 정부가 화전정리사업을 시작하면서 하나둘 다른 곳으로 떠나기 시작했고, 이후 이곳은 더욱 인적 드문 산골이 되었다. 그러다 1990년대 들어 물 맑고 공기가 깨끗한 이곳이 휴양지로 이름을 날리며 사람들의 발길이 늘어나기 시작했다.

가평천 본류의 첫 비경지는 백둔계곡이 가평천에 합류하는 근처에 펼쳐진 항아리바위이다. 북면 소재지인 목동 삼거리에서 75번 국도를 타고 5km쯤 오르면 만날 수 있다. 달 표면의 분화구처럼 움푹움푹 패인 홈이 200평 정도의 넓이로 펼쳐져 있는데, 세숫대야형·항아리형·타원형 등 모양과 크기가 천차

가평천에서 견지낚시를 하는 사람들. 물이 맑은 가평천은 수도권 주민들의 휴식처로 사랑을 받고 있다.

가평천 주변에서 가장 아름다운
계곡으로 꼽히는 용추구곡.

만별이다. 지질학자들의 연
구에 따르면, 이 바위는 10억
년 이상의 나이를 먹은 선캄
브리아기 변성암의 하나인
호상편마암으로서 경사가 급
한 강바닥을 흐르는 물살이
무려 몇만 년에서 몇백만 년
까지 걸려서 빚은 작품이라
한다.

상류 관청리의 북면 용소도
항아리바위와 더불어 가평천
본류에서 쌍벽을 이루는 경
관을 자랑한다. 이곳은 가평
팔경 중 하나인 '적목 용소'
와 구분하기 위해 '북면 용
소'라 부르기도 한다.

북면 용소에서 5km쯤 상류
로 더 오르면 숲이 짙고 물이
맑은 조무락골이 가평천에
합류한다. 석룡산(1155m)에
서 발원해 6km에 걸쳐 흐르
는 조무락골은 가평천 인근

에서 가장 깊고 험한 계곡이다. 계곡에서 새들이 늘상 조잘(조무락)거린다고 해서 붙은 재미있는 이름이다. 경관이 좋은 계곡을 걸어 오르다보면 바위 사이로 시원하게 쏟아지는 폭포수와 파란 소(沼)를 연달아 만난다. 조무락골은 여름과 가을에 특히 인기가 있다.

조무락골의 깊은 계곡은 일제시대 때 사이비종교의 대명사요, 연쇄살인의 악명을 떨쳤던 백백교(白白敎)가 터를 잡고 활동했던 곳이다. 지금도 계곡 안엔 당시 백백교 신자들이 머물던 집터 등의 흔적이 남아 있다.

조선 철종 때 최제우(崔濟愚)가 유·불·선 삼도(三道)의 교리를 골고루 받아들여 창시한 동학에서 많은 유사종교와 사이비종교가 파생되었다. 1923년 차병간이 가평에서 광명세계를 실현한다면서 포교를 시작한 백백교도 그 중 하나였다. 그러나 처음부터 뚜렷한 교의(敎義)나 깊은 사상적 근거를 갖지 못한 백백교는 사이비종교로서 타락의 길을 걸었다.

나중에 전해룡(全海龍)이 교주가 되자 백백교는 범죄단체가 되었다. 그는 민중을 현혹하여 재물을 빼앗고, 다른 여신도들이 보는 앞에서 성행위를 하면서 신(神)이 하는 일이라 속였다. 게다가 자신의 범죄행위가 드러나자 비밀이 누설되는 것을 막기 위해 의심이 가는 신도들을 계곡 깊숙이 끌고 들어가 가

영연방 참전 기념비. 1951년 중공군의 춘계공세 당시 가평에서 산화한 이국의 젊은이들을 위해 세운 것이다.

차없이 죽여버렸다.

전해룡의 이런 악행은 자신의 재산과 딸까지 바쳤던 신자의 아들이 경찰에 신고하면서 백일하에 드러났다. 1937년 당시 백백교 간부 150여 명이 검거되었고, 경찰에 쫓긴 전해룡이 양평의 도일봉에서 자살함으로써 한반도를 떠들썩하게 만들었던 백백교는 이 세상에서 사라지게 되었다. 당시 살해된 신도의 숫자만 해도 무려 300여 명이라 전해진다.

적목리 삼팔교 상류부터는 가평천 도로변에 철망을 설치해놓아 물가로 들어갈 수 없다. 시원한 계류를 훔쳐보며 조금 달리다보면 오른쪽으로 '신앙유적지' 안내판이 보인다. 일제시대 때 전국 각지에서 징용을 피해 모여든 사람들이 움집을 짓고 공동생활을 했던 곳이다. 이들은 신사참배, 창씨개명, 종교탄압과 강제징용 등을 피해 은신하면서도 신앙심을 지켜왔다. 현재 이곳에는 교회터 1개소, 관솔불터 1개소, 가옥 및 숙소터 8개소 등이 남아 있어 일제시대의 거주형태와 생활문화 등 당시의 어려운 생활상 및 종교와 풍속 등을 엿볼 수 있다.

신앙유적지에서 물길을 거슬러 2km쯤 가면 왼쪽에 있는 초록 물빛이 아름다운 용소폭포를 만난다. 3m 높이에서 쏟아지는 폭포수 아래에는 깊이를 알 수 없는 시퍼런 용소가 있다. 그냥 떠먹어도 좋을 정도로 맑고 깨끗한 물 속에는 산천어 떼가 노닌다.

가평천의 끄트머리는 도마치이다. 가평군 북면과 강원도 화천군 사내면을 잇는 이 고갯길은 '도와 도를 넘나드는 높은 고개'라 해서 지어진 이름인데, 주민들은 궁예가 왕건에게 쫓기면서 넘은 '도망친 고개'라는 데서 유래했다는 전설을 더 믿는다.

가평천 기슭엔 펜션 등 휴양시설이 많이 들어서 있다.

　예전 가평의 적목리 주민들은 비록 같은 행정구역이라 해도 머나먼 가
평장보다는 고개 너머의 강원도 땅인 화천 사내면의 사창리로 장을 보러
다녔다. 당시 주민들이 쉬어 갔을 고갯마루엔 현재 가평의 자랑인 잣막걸
리, 산채백반 등 산골의 정취를 맛볼 수 있는 간이식당들이 자리 잡고 있

다. 잣막걸리 한 잔에 산나물도 좋지만, 고갯마루에서 솟아나는 맛 좋은 샘물을 한 모금만 들이켜도 땀이 쏙 들어간다. 도마치 고갯마루의 높이는 해발 719m. 웬만한 폭염에도 더위를 느낄 수 없는 높이다. 여름이라면 이보다 좋을 수 없을 것이다.

G UIDE | 여행가이드

한북정맥의 도마치봉(937m) 부근에서 발원한 가평천은 가평 북부를 적시고 남으로 흐르며, 가평 읍내에서 북한강에 합류하는 물줄기로 그 길이가 약 30km에 이른다. 도중에 화악산의 조무락골, 명지산의 익근리계곡과 백둔천, 화악산의 화악천, 연인산의 승안천 같은 지류를 받아들여 덩치를 키운다. 본류와 지류 곳곳에 수많은 절경이 펼쳐져 있어 사시사철 탐승객이 찾아드는 수도권 제일의 청정 하천이다.

추천 여행 코스
가평 – 용추구곡 – 항아리바위 – 익근리계곡 – 북면 용소 – 조무락골 – 신앙유적지 – 적목 용소 – 도마치

찾아가는 길
승용차
서울(강북) – 46번 국도 – 구리 – 남양주 – 마석 – 외서 – 가평(좌회전) – 75번 국도 – 가평천
서울(강남) – 올림픽대로 – 팔당대교 – 6번 국도 – 능내리 – 45번 국도 – 새터삼거리 – 46번 국도 – 가평 – 75번 국도 – 가평천
대중교통
동서울종합터미널 →가평(춘천행) : 수시로 운행(06:15~21:30), 1시간 20분 소요
수원→가평(춘천행) : 매일 13회 운행(06:00~19:40), 1시간 50분 소요

숙식
가평천 주변에는 숙박시설이 아주 많이 있다. 사람이 들어가 쉴 수 있는 냇가에는 모두 유원지라는 팻말을 붙여 놓았는데, 방갈로 시설 등을 갖춘 민박집 정도로 생각하면 된다. 지류인 승안천 용추구곡에도 용추휴양림(031-582-3889), 용추파크(031-582-3685) 등 숙식할 곳이 많다. 명지산 익근리계곡, 화악산 조무락골 입구에도 민박집이 있다. 도마치 고갯마루에는 간단히 요기할 수 있는 포장마차가 몇 집 있다.

별미 가평 잣막걸리
잣은 가평의 특산물이다. 가평의 잣막걸리는 1996년에 경기도에서 주최한 전통주 품평회에서 경기 5대 명주로 선정되면서 국내 최고 품질의 전통주 반열에 올라섰다. 또 1997년 청와대에 납품을 하면서 전통주로 인정받았고, 과천에서 열린 '세계마당극큰잔치' 공식 막걸리로 지정되면서 일반인에게 널리 알려졌다(가평 명주 술도가 : 031 - 582 - 2360).

가평군 홈페이지 : www.ga21.net 　　　문화관광과 : 031 - 580 - 2065

02 | 경호강

산청은 경호강을 경계로 확연히 동서로 나뉜다. 산청에는 삼국시대부터 시작된 '마근담 줄다리기'가 전해오는데, 경호강을 경계로 동군과 서군으로 나뉘어 며칠 동안 줄다리기를 한다. 여기서 승리한 마을은 세금을 감량 받고, 진 마을은 그 해의 조세를 부담하였다고 한다. 강을 경계로 벌이는 줄다리기가 흥미롭다.

산빛, 물빛, 인심의 삼박자가 모두 명랑

산청
경호강

백두산(2750m)에서 뻗어 내려온 맑은 정기가 갈무리되는 지리산(1915m). 그 동쪽 자락에 터를 잡은 산청(山淸)은 봄볕이 따사로운 고을이다. 산빛도 명랑하고 주민들의 심성도 순박하다. 무엇보다 산청을 적시고 흐르는 경호강의 물빛이 제법 곱다.

산청은 경호강을 경계로 확연히 동서로 나뉜다. 산청에는 삼국시대부터 시작된 '마근담 줄다리기'가 전해오는데, 경호강을 경계로 동군과 서군으로 나뉘어 며칠 동안 줄다리기를

鏡湖江

허준의 스승인 류의태가 약을 달일 때 썼다는 샘물. 너덜지대서 흘러나오는 물맛이 좋은 석간수다.

한다. 여기서 승리한 마을은 세금을 감량 받고, 진 마을은 그 해의 조세를 부담하였다고 한다. 강을 경계로 벌이는 줄다리기가 흥미롭다.

경호강의 첫 여정은 왕산(923m) 기슭에 자리하고 있는 구형왕(仇衡王·재위 521~532년)을 만나는 일로 시작한다. 금관가야의 제10대 왕인 구형왕은 지금의 김해지역을 기반으로 활동했던 금관가야의 마지막 왕이다.

금관가야는 532년 신라에 항복하면서 492년간 지속하였던 사직을 접고 역사의 무대에서 사라진다. 항복한 대가로 신라 진골로 편입한 후손들은 크고 작은 전쟁에서 큰공을 세우게 되는데, 삼국통일의 주역인 김유신(金庾信·595~673년)이 구형왕의 증손자이다.

구형왕릉을 처음 보는 사람이라면 아마도 눈이 휘둥그레질 것이다. 무덤이란 게 흙을 둥그렇게 쌓아 만든 봉분이 아니라, 햇볕도 잘 들지 않는 좁은 계곡 안쪽 경사면에 돌을 피라미드처럼 쌓아 층을 이루었기 때문이다. 산청에 전하는 전설에 따르면 신라와의 전쟁에서 진 구형왕이 죽어가면서 병사들에게 돌로 덮어달라고 유언했다고 한다. 하지만 구형왕은 나라가 망한 뒤에도 30여 년을 더 살았다고 역사는 기록하고 있다. 그래서 이는 왕릉이 아니라 석탑이나 제단일 것이라고 추측하기도 한다. 무덤 앞의 비석, 들짐승 등의 석물들은 모두 후대에 김해 김씨 후손들이 만들어 세운 것으로서, 역사의 미스터리를 푸는 열쇠가 되지 않는다.

구형왕릉 바로 앞 갈림길에서 임도를 2km쯤 오른 뒤 오솔길을 200m쯤 걸어 올라가면 너덜지대에서 솟는 시원한 샘물을 만난다. 단군 이래 최고의 명의로 추앙 받는 허준을 가르친 스승, 곧 류의태의 전설이 전하는 약수터이다.

1000여 종의 약초가 자생하는 지리산 자락은 전통적으로 한방 약초의 보고였다. 그래서 산청에는 여느 지방에 비해 뛰어난 의술을 가진 명의에 대한 이야기가 유독 많이 전하는데, 류의태도 그 중 한 명이다.

전설에 따르면 류의태는 왕산 아래의 화계마을에서 의료활동을 했다. 세계에 자랑할 만한 의서 『동의보감』을 지은 허준도 산청에서 한의학의 거성 류의태를 스승으로 만나 의술이 일취월장하게 되었다. 물론 허준이 스승 류의태의 시신을 해부했다는 이야기는 픽션이고, 류의태라는 인물도 허준이 죽은 후 민간에 떠돌던 야담에서 끄집어낸 대상이라는 지적도 있지만, 산청 사람들은 '허준의 스승 류의태'의 실존을 철석같이 믿고 있다. 좀더 오래된 전설에 따르면 금관가야를 세운 수로왕은 여름이면 이곳에서 쉬면서 이 샘물을 마셨고, 구형왕도 옥새를 신라에 넘겨주고 이곳에서 머물며 회한의 나날을 보냈다 하니, 역사가 깊은 샘물임을 알 수 있다.

너덜지대에서 솟는 샘물은 수량도 많고, 물맛도 특이하다. 류의태는 약재를 달일 때 반드시 이 약수를 썼고, 병명을 알 수 없던 병도 이 물을 이

용해 치료했다고 한다. 최근에도 이 약수는 잘 낫지 않는 위장병이나 피부병 등에 특효가 있다고 알려져 왕산을 찾은 등산객은 물론이고, 멀리서도 물을 받아가기 위해 일부러 찾아오는 사람들이 많아졌다.

산청으로 다시 나와 경호강변의 3번 국도를 따라 30~40분 달리면 단성면 소재지. 대전·통영간 고속도로 단성나들목 근처에 있는 사월리는 고려 말 공민왕 때에 삼우당(三憂堂) 문익점(文益漸·1331~1400년)이 목화를 처음으로 재배한 마을이다.

고려의 멸망이 가까워진 1369년(공민왕 18년), 원나라로 귀양갔던 문익점은 돌아올 때 목화씨앗 10여 개를 붓대롱에 넣어와 이곳에서 처음으로 심었다. 당시 재배에는 성공했으나 금방 면을 생산한 것은 아니다.

어느 날 원나라의 승려 홍원이 이곳을 찾아왔다가 자기 나라에 있는 목화를 보고 매우 좋아했다. 마침 그는 직조술을 알고 있었고, 문익점의 장인인 정천익이 그에게 기술을 배워서 물레를 만드는 데 성공해 결국 무명한 필을 만들어냈다. 이와는 달리 문익점의 손자인 문래(文萊)가 실 잣는 기계를 발명하고, 문영(文英)이 베 짜는 법을 발명하여 명칭이 '물레', '무명베'가 되었다는 설도 있다. 여하튼 그 후 해마다 씨가 불어 목화는 10년도 채 못 되어 전국으로 퍼져나갔다. 그리고 조선 태종 때는 일반 백성들도 두루 무명옷을 입을 만큼 면업은 발전하게 되었다.

면화는 이렇듯 의류혁명도 가져왔지만, 보릿고개를 넘어야 했던 시절까지만 해도 면화 다래는 달짝지근한 맛 때문에 아이들에게는 군것질거리면서도 배고플 때 먹는 구황식(救荒食)이기도 했다. 흔히 열매가 익어 터졌을 때 생기는 보송보송한 솜덩어리가 목화인 줄 알고 대부분 그렇게 부르지만, 정확하게는 8월 말쯤에 하얗게 피어 점차 붉어지는 꽃을 목화라

정겹고 고풍스런 맛이 넘치는 남사마을.

하고, 이 꽃이 지고 난 뒤 열리는 진한 녹색의 열매는 다래, 그리고 다래
가 익어 터졌을 때 생기는 솜덩어리는 면화(棉花)라고 구분해서 부른다.

목화시배지에서 경호강을 건너면 성철(性徹·1912~1993년)스님의 생가
가 바로 나온다. 성철스님의 생가는 벽해루(碧海樓)를 거쳐 들어가게 되
어 있다. 벽해루를 지나면 정면에 성철스님의 동상(사리탑)이 서 있고, 동
상 좌측으로 대웅전이 보인다. 혜근문(惠根門)을 들어서면 정면에 보이
는 건물이 성철스님의 생가를 복원해 놓은 율은고거(栗隱古居)이고, 우
측 건물이 사랑채이며, 좌측 건물이 성철스님의 기념관인 포영당(泡影堂)
이다.

포영당에는 성철스님이 입으셨던 누더기 두루마기와 덧버선 등의 유품
과 유필자료 등이 전시되고 있다. 칸트의 『순수이성비판』 등 성철스님이
26살로 입산하기 전에 속세에서 읽으셨다고 기록한 목록들도 눈에 띈다.

그러나 방문객들은 거창하게 금칠을 한 성철스님의 동상을 보고는 매우

당혹해한다. 현대 불교를 대표하는 선승인 성철스님은 고된 수행자로서 철저히 무소유의 자세로 일관했기 때문에 불교계는 물론이요 다른 종교인들도 존경해마지 않았던 것인데, 이런 아이러니도 없다. 게다가 고속도로와 바로 붙어 있어 시도 때도 없이 굉음을 내고 달리는 차량의 소음 때문에 고즈넉한 분위기는 애당초 바랄 수 없다.

겁외사 근처에서 경호강에 합류하는 남사천은 경호강이 남강이란 이름을 얻기 전에 마지막으로 받아들이는 물줄기이다. 지리산 웅석봉(1099m)에서 발원하는 까닭에 물빛도 고운 이 하천에는 남사마을과 단속사지가 발길을 붙든다.

남사천 하류의 남사마을은 분위기가 정겹고 고풍스런 맛이 넘치는 마을이다. 마을 앞을 흐르는 남사천과 어우러진 모습은 풍수지리상 반달 모양이다. 그래서 달이 차지 않도록 동네 가운데는 농지로 가꾸었고, 양끝에는 주택을 배치하였다. 둥그렇게 굽이쳐 흐르는 냇가와 고택이 즐비한 마을이 잘 어울린다.

남사마을은 500년 전쯤 진양 하씨의 이주로 마을의 역사가 시작되었다. 대개 오래된 마을이 한 성씨로 구성되어 있는 것과는 달리 이곳은 성주 이씨, 밀양 박씨, 진양 하씨, 전주 최씨, 연일 정씨, 재령 이씨 등 여러 성씨가 이주해 와서 살고 있다. 비록 많은 집들이 세월에 따라 개조되어 원래의 제 모습을 잃어가고, 모두 대처

산청을 적시고 흐르는 경호강의 물빛은 주민들의 심성만큼이나 맑다.

생초면의 경호정에서 바라본 경호강.

로 떠나 인적을 찾기 어려운 집도 있긴 하지만, 아직도 18~20세기 초 사이에 지어진 한옥 80여 채가 고스란히 남아 있다.

화적의 칼을 자기 몸으로 막아 아버지를 구한 영모당 이윤현의 효성을 기린 사효제가 있고, 마을의 길흉을 예견한다는 하씨 가옥의 감나무도 옛날 이야기를 전해주는 듯하여 고즈넉한 분위기를 만끽할 수 있다. 그 중에서도 연일 정씨 가옥과 선산 최씨 가옥은 남부지방의 양반가옥 형식을 보여주는데, 이상택 가옥은 200년이 넘는 세월이 무색할 정도로 안채가 잘 보존되어 있다.

남사천의 최상류를 끼고 있는 단속사터는 동서 삼층석탑이 의연하다. 통일신라시대인 8세기쯤에 창건된 단속사(斷俗寺)는 경내를 한 바퀴 돌고 나면 미투리가 다 떨어질 정도의 대가람이었다고 한다. 절집 입구라는 광제암문(廣濟嵒門)이 삼층석탑과 3km쯤 떨어져 있으니 아마 지리산 둘레의 절집 중 빠지지 않는 규모였을 것이다. 전하는 바에 따르면 금당 뒷벽에 경덕왕의 진상(眞想)도 그렸다 하니 왕실의 비호를 받았던 단속사의 위세를 짐작할 수 있다. 또 진흥왕 때의 유명한 화가 솔거가 그린 유마상(維摩像)도 있었다고 전하지만 지금은 그 흔적을 찾을 수 없다.

단속사 삼층석탑을 지나 마을로 들어가면 수령 600년이 넘은 매화나무를 만날 수 있다. 고려 말기에 강회백(姜淮佰)이 단속사에서 공부하면서 심었다는 나무이다. 뒤에 그가 정당문학 벼슬을 하게 되자 '정당매(政堂梅)'로 부르게 되었으며, 정당매를 기념하는 비각도 있다. 그로부터 몇백 년의 세월이 흐르는 동안 후손들이 그의 정신을 기리며 가꾸어 보호하고 있다. 매년 3월 말쯤에 피어나는 매화꽃이 제법 향기롭다.

G UIDE | 여행가이드

백두대간의 남덕유산(1503m)에서 발원해 영남지방의 서남부를 적시고 흐르다 낙동강에 합류하는 남강(南江) 물줄기 중에서 산청 부근의 상류를 따로 경호강(鏡湖江)이라 한다. 즉 함양군을 적시고 온 남계천(濫溪川)이 지리산 북부에서 발원한 임천강을 받아들이는 산청군 생초면 어서리 합수지점부터 생초면과 산청읍, 신안면, 단성면을 거쳐 진주 진양호로 이어지는 총 80여 리의 물줄기를 말한다. 이 강줄기에는 청정 강물의 상징인 수달도 살고 있다.

추천 여행 코스
산청나들목 – 60번 지방도 – 구형왕릉 – 류의태 약수터 – 60번 지방도 – 산청 – 3번 국도 – 단성 – 목화시배지 – 성철스님 생가 – 남사마을 – 단속사터

찾아가는 길
대전 · 통영간 고속도로를 이용하는 것이 가장 좋다. 산청 북부지방에서는 산청나들목, 남부지방에서는 단성나들목으로 나오면 여행 동선을 쉽게 그릴 수 있다.

숙식
산청 읍내와 생초면 소재지에 여러 개의 숙박시설이 있다. 읍내에 있는 동일관광농원(055 – 973 – 1157)은 닭백숙과 오리탕이 별미로 꼽히는 식당이다. 방갈로 등의 숙박시설도 갖춰져 있다. 단속사터 위쪽에도 민박, 펜션 등의 숙박시설이 있다.

별미 어탕국수
생초면에 자리하고 있는 경호정 앞에는 어탕국수를 하는 식당이 많다. 경호강에서 잡은 피라미 · 붕어 · 미꾸라지 등 민물고기를 중불에서 2~3시간 정도 푹 고아 뿌옇게 국물이 우러나면 체에 걸러 가시를 추려내고 갖은 양념으로 맛을 낸 다음, 국물에 국수를 넣고 끓인다. 취향에 따라 산초가루를 적당히 넣으면 맛있는 어탕국수가 된다. 한 그릇에 5,000원. 생초식당(055 – 972 – 2152), 생초제일식당(055 – 972 – 1995)

산청군청 홈페이지 : www.sancheong.ne.kr   문화관광과 : 055 – 970 – 6421~3
경호강래프팅 홈페이지 · 연락처 : www.raftingaja.com / 055 – 972 – 2002

03 | 내린천

강 자락에 띄엄띄엄 자리한 강변마을은 여름이면 피서객들로 홍역을 치르긴 해도 평화로움을 잃지 않고, 도로에서 떨어진 비포장도로로 조금만 들어가면 우리가 수십 년 전에 잃어버린 산촌 풍광도 어렵지 않게 만날 수 있다.

열목어가 떼지어 헤엄치는 비경의 이상향

인제

내린천

북한강의 지류인 강원도 인제의 내린천(內麟川)은 남한강 상류인 영월의 동강과 쌍벽을 이룰 정도로 아름다운 강이다. 오대산(1563m) 서쪽의 을수골에서 발원해 인제 땅 내부를 관통하며 북서쪽으로 흘러 합강나루에 이르기까지 주변에 빚어 놓은 풍광은 어디 한 군데도 눈을 떼지 못할 정도로 뛰어나다. 그 강물엔 열목어·산천어·어름치 등 1급수에서 사는 물고기들이 한가롭게 헤엄치고, 인적 드문 물 속엔 강물의 왕자인 수달이 미끈한 몸매를 뽐낸다.

內麟川

팔뚝만한 열목어들이 폭포수를 뛰어오르는 장관을 감상할 수 있는 칡소폭포.

강 자락에 띄엄띄엄 자리한 강변마을은 여름이면 피서객들로 홍역을 치르긴 해도 평화로움을 잃지 않고, 도로에서 떨어진 비포장도로로 조금만 들어가면 우리가 수십 년 전에 잃어버린 산촌 풍광도 어렵지 않게 만날 수 있다.

내린천 주변엔 흉년도 없고, 전염병도 번지지 않고, 전쟁의 포화도 피할 수 있는 '현실적인 유토피아'가 존재한다. 내린천 상류 쪽의 개인산 (1341m)과 방태산(1436m) 부근의 계곡에 띄엄띄엄 자리한 산 속 마을 중에 '3둔 4가리'는 삼재를 피할 수 있다고 알려져 온 명당이다. 3둔은 달둔 (達屯)·살둔(生屯)·월둔(月屯)이요, 4가리는 아침가리·곁

가리·적가리·연가리를 말한다. 3둔이 내린천 최상류에 있다면, 4가리는 방태산 북쪽 기슭에 숨겨져 있다. '둔'은 산 속에 숨어 있는 평평한 둔덕이라는 뜻이고, '가리'는 겨우 밭을 갈아 먹을 수 있을 정도로 좁은 땅을 말한다. 이곳에서는 화전민의 후예들이 척박한 땅에 약초 등을 가꾸며 생명을 이어왔지만 1970년대 산업사회를 거치면서 대부분 '살기 불편한 유토피아'를 빠져나갔다.

그 중 방태산 북동쪽의 '적가리골'은 여행객에게 비교적 잘 알려진 계곡이다. 수량이 풍부하고 폭포와 바위들이 어우러진 적가리골은 지형도를 보면 넓적한 그릇을 닮았다. 아주 오랜 옛날 커다란 운석이 떨어져 생긴 운석분지라고 한다. 적가리골 안에는 '이폭포 저폭포'라는 소박한 이름을 지닌 멋진 계단폭포가 있다. 위쪽의 '이폭포'는 높이 약 15m쯤으로 폭포수 안쪽에 커다란 굴이 있고, 그 아래에서

인제의 중심부를 흐르는 내린천은 풍광이 아름다운 물줄기로 이름 높다.

널찍한 소를 이루었다가 짤막한 '저폭포'로 떨어진다. 계단폭포 아래의 널따란 마당바위도 탐방객들에게 인기가 있는 곳이다. 특히 '이폭포 저폭포'에 드리워진 단풍은 매우 환상적이라 10월 중순쯤이면 단풍을 구경하러 오는 사람들의 발길이 잦다.

이런 비경은 예전에는 적가리골의 절경을 아는 여행 마니아들이나 계곡 아래 주민들만 조용히 찾아와 즐겼지만 몇 년 전 이곳에 통나무 숙박시설인 방태산자연휴양림 시설이 들어선 뒤로 방문객의 숫자가 많아졌다. 여름엔 초록 물감이, 가을엔 붉은 물감이 뚝뚝 묻어 나올 것 같은 짙은 숲 속에서 하룻밤 묵는 건 색다른 경험이다. 적가리골 초입엔 300여 년 전에 한 심마니가 산신령의 계시로 수백 년 묵은 산삼을 캔 자리였다고 하는 방동약수가 있다. 이 외에도 내린천 상류엔 '한국의 명수 100선'에 든 삼봉약수와 심마니들이 치성을 드리는 개인약수도 있다.

응복산(1156m) 북쪽의 '아침가리'도 재앙을 피하려는 사람들이 몰려와 살던 곳 중의 하나다. 제법 아름다운 계곡인데, 특히 도로가 연결되지 않은 하류부의 4km 구간은 비경이라 할 만한 순수미가 그대로 남아 있다. 소(沼)와 아담한 폭포가 어우러진 계곡의 풍광이 수려하고, 맑은 계류가 흐르는 암반의 자연스런 미도 마음의 눈을 현혹시킨다. 또 경사도 완만하며 중간중간 아기자기한 모래톱 등이 형성되어 있고, 물 속엔 열목어와 산천어가 헤엄치고 다닌다. 아침가리는 화전민의 후예들이 투막집을 짓고 너와로 지붕 올리고 살던 시절만 해도 아담한 초등학교까지 있을 정도였지만, 지금은 단 한 채의 민가만 남아 있다.

뭐니뭐니 해도 맑고 차가운 1급수에서만 사는 열목어는 내린천의 상징이다. 열목어는 숲이 울창하여 직사광선에 노출되지 않아 한여름에도 수온이 20℃ 이하면서 수량도 일정한 계곡에서만 살 수 있다. 또 다 자란 성어(成魚)가 숨을 수 있는 큰돌이나 바위가 있고, 맘놓고 헤엄칠 수 있는 큰 소가 있어야 한다. 이런 조건을 갖춘 곳이 바로 내린천이다.

열목어는 여름이 되면 산간 계곡의 최상류에서 서식하다가 겨울이 되면 하류로 이동하여 규모가 큰 소에서 지내고, 다음 해 해빙기가 되면 다시 상류로 거슬러 올라가며 산란한다. 내린천 상류 부근은 경치도 아름답지만 이런 열목어들의 천국이라 운이 좋으면 열목어의 몸짓도 구경을 할 수 있다. 계곡의 작은 폭포에선 이른 아침이나 해질 무렵, 그리고 비가 온 다음 날이면 열목어가 떼를 지어 폭포수를 뛰어넘는 장관을 어렵지 않게 볼 수 있다. 내린천의 최상류인 을수동 칡소폭포나 명계리계곡이 그런 곳이다.

한편, 산악지대로서 다양한 산림자원을 가지고 있는 인제는 조선시대 때 한양 등지에 건축용 자재를 많이 공급하였다. 게다가 이 지역의 황장

인제의 중심부를 흐르는 내린천은 물맛이 깨끗하고 품질 좋기로 이름 높다

목이 함부로 베어지는 것을 막기 위해 황장금표(黃長禁標)를 세울 정도
로 이곳에 나무는 질이 좋았다.

이런 품질의 자원을 바탕으로 인제의 합강뗏목은 북한강의 대표적인 뗏
목으로서 남한강의 영월뗏목, 압록강뗏목, 두만강뗏목과 함께 우리 나라

를 대표하는 뗏목으로 꼽혔다. 인근 산악지대에서 인북천과 내린천으로 띄워보낸 원목은 합강나루에서 수거한 다음 뗏목으로 만들어 소양강을 통해 한양으로 운반했다. 그러나 1943년 한강에 청평댐 등 각종 댐이 건설되어 물길이 끊어지면서 잊혀졌다.

서화에서 흘러든 인북천이 내린천과 합류하는 합강나루는 내린천에서 가장 하류이다. 그 옛날 뗏목이 산처럼 쌓였던 합강나루 언덕엔 합강정 (合江亭)이 서 있다. 조선 숙종 2년에 이세억(李世億)이 현감으로 재임 (1675~1677년)하면서 처음 세울 때는 지금보다 조금 위쪽인 산중턱의 전망이 좋은 곳에 있었으나 몇 년 전에 44번 국도 확장공사를 하면서 현재의 위치로 옮겨왔다.

합강나루에서 합류한 내린천과 인북천 두 물줄기는 이후 소양강으로 흘러드는데, 합강에서 소양강으로 내려가는 물줄기를 예전엔 미륵천(彌勒川)이라고 불렀다. 전설에 의하면 300여 년 전 방명천이라고 하는 사람이 목재를 뗏목으로 운반하여 합강으로 왔을 때 꿈 속에서 백발노인이 나타나 "내가 강물에 묻혀 갑갑하니 건져달라."고 했다 한다. 이튿날 강물 속에 들어가 보니 수 척이 되는 돌기둥이 광채를 띠고 있었다. 그는 돌기둥을 건져내어 미륵불을 만들고 조그만 누각을 세워 모셨다고 한다. 현재 이 미륵불은 합강정에 서서 강물을 내려다보고 있다.

내린천 최상류인 오대산 을수골에서 볼 수 있는 산신각.

급한 물살이 흐르는 내린천은 래프팅 대상지로도 각광받고 있다.

합강정에선 합강나루 부근의 상동리에 태를 묻은 한 시인을 만나게 된다. 바로 박인환(朴寅煥·1926~1956년) 시인이다. 명동의 댄디 보이로 불리던 시인은 술과 로맨티시즘에 젖은 보헤미안이었다. 한여름에도 정장을 하고 다녔으며 한푼의 돈이 없어도 늘 진한 커피를 마셨고, 멋지게 시가를 피워 물곤 했다. 정자 옆 비석엔 시인이 어느 선술집에서 술을 마시다가 즉석에서 써내려 갔다는 시 '세월이 가면'이 새겨져 있다.

"지금 그 사람 이름은 잊었지만 / 그 눈동자 입술은 / 내 가슴에 있네. // 바람이 불고 / 비가 올 때도 / 나는 / 저 유리창 밖 가로등 / 그늘의 밤을 잊지 못하지."

– 박인환의 시 '세월이 가면' 중에서

인제 내린천(內麟川)은 '한중지맥'의 분수령인 계방산(1577m) 을수골에서 발원해 인제의 동남부 산악지대를 흐르는 하천으로, 인북천과 합류하는 합강나루까지 길이가 70km에 이른다. 주로 홍천군 내면과 인제군 기린면의 중앙을 뚫고 흐르므로 내면과 기린면의 이름을 따서 내린천이라 했다. 맑고 깨끗한 내린천 물 속엔 열목어, 산천어, 어름치 등 1급수에만 서식하는 물고기들이 노닐고 있다 .

추천 여행 코스

인제 — 합강정 — 31번 국도 — 피아시계곡 — 기린면 소재지 — 418번 지방도 — 방태산자연휴양림 — 31번 국도 — 상남 — 446번 지방도 — 미산계곡 — 살둔산장 — 광원리 — 56번 국도 — 칡소폭포 — 삼봉약수 — 구룡령

찾아가는 길

승용차 서울 · 인천 · 경기 북부권 : 6번 국도 — 양평 — 44번 — 홍천 — 인제
경기 남부 · 충청 · 호남권 : 영동고속도로 — 만종분기점 — 중앙고속도로 — 홍천나들목 — 44번 국도 — 홍천 — 인제
영남지방 : 중앙고속도로 홍천나들목 — 44번 국도 — 인제

시외버스
동서울종합터미널 → 인제 : 매일 10여 차례 운행(07:20~21:00), 2시간 30분 소요
동서울종합터미널 → 상남 → 현리 : 매일 2회 운행(09:10, 15:50), 3시간 10분 소요
서울 상봉터미널 → 인제 : 매일 20회 운행(05:40~18:00), 3시간 10분 소요
서울 상봉터미널 → 상남 → 현리 : 매일 8회 운행(07:20~18:10), 3시간 50분 소요

관내버스
인제 → 현리 : 매일 10회 운행(08:00~19:40), 40~50분 소요
현리 → 진동(방동 경유) : 매일 7회 운행(07:00, 09:30, 10:40, 13:30, 15:20, 17:30, 19:20), 25분 소요

숙식

내린천 하류에는 고사리관광농원(033-461-1369, 461-4586) 등 숙박시설이 많이 있다. 래프팅 출발지인 원대교 부근의 피아시계곡에도 숙식할 곳이 많이 있다. 방태천 상류인 진동계곡에도 민박과 펜션이 많이 있다. 적가리골엔 방태산자연휴양림(033-463-8590)이 있다. 내린천 상류의 미산계곡에 황토민박(033-463-7225) · 미산민박(033-461-6842) 등이 있고, 개인약수로 가는 길에도 개인산장(033-463-1700) 같은 숙박시설이 있다. 경관이 아름다운 칠전동에 있는 산새소리(033-463-7788), 하얀마을(033-463-7782)은 머물기 좋은 펜션이다. 최상류의 홍천에 있는 살둔산장(033-435-5928)과 삼봉자연휴양림(033-435-8535)도 인기있는 숙박시설이다.

별미 산채정식

내린천 상류의 전봉산과 방태산 주변은 우리 나라에서 자생하는 최상급의 나물이 나는 곳이다. 청정지역답게 두릅, 곰취, 참취, 참나물 같은 나물은 맛이 아주 뛰어나다. 기린면 진동계곡으로 들어가는 길에 있는 진동산채가(033-463-8484)는 점봉산이나 방태산 등에서 채취한 나물로만 반찬을 만드는 산나물 전문 식당이다.

인제군 홈페이지 : www.inje.gangwon.kr   문화관광과 : 033-460-2081~4

04 | 내성천

내성천 물줄기가 한 바퀴 휘돌며 빚어낸 강마을은 학의 목줄기에 매달려 있는 것처럼 아슬아슬하다. 용궁면 비룡산 (240m)에 있는 회룡대는 최고의 물돌이동을 감상할 수 있는 절묘한 포인트. 여기서 내려다보면 한 삽만 뜨면 섬이 될 것 같은 비경의 물돌이동을 한눈에 담을 수 있다.

굽이마다 절경이 펼쳐진 수도권의 보석

내성천

영남 북서부 지방의 젖줄인 내성천(乃城川)의 최상류는 선달산(1236m) 기슭의 오전약수이다. 조선시대 때 물맛이 가장 뛰어난 약수를 뽑는 대회에서 최고의 약수로 뽑혔다는 오전약수. 중종 때 풍기군수를 지낸 주세붕(周世鵬·1495~1554년)은 "이 약수는 마음의 병을 고치는 좋은 스승에 비길 만하다."고 높이 평가했다. 약수터 옆엔 주세붕이 '人生不老(인생불로) 樂山樂水(요산요수)'라고 쓴 바위가 남아 있다.

오전약수를 받아들인 자그마한 계류는 봉화의 물야면과 읍

내성천 물줄기가 잘 내려다보이는 언덕에 자리 잡은 석룡대.

내 사이에선 신흥가계천이란 이름을 얻는다. 소나무 숲이 우거진 동산 기슭에 남향으로 자리 잡은 계서당(중요민속자료 제171호)은 조선 중기의 문신 계서(溪西) 성이성(成以性·1595~1664년)이 1613년에 처음 지은 고택. 성이성은 남원부사를 지낸 성안의(成安義)의 아들로서 1627년(인조 5년) 문과에 급제한 후 여러 고을의 수령을 지냈고, 네 차례나 어사로 등용되었으며 청백리로도 이름이 높았던 인물이다.

성이성은 『춘향전』의 실제 모델로 알려져 있다. 성이성의 4대 후손인 성섭(成燮)이 지은 『교와문고(僑窩文稿)』에도 이 같은 주장을 뒷받침하는 내용이 나온다. 성이성이 겪은 일도 기록하고 있는 이 책의 내용은 현재 전해 내려오는 『춘향전』의 내용과 많이 일치한다. 성이성이 소년기에 남원에서 기생을 만난 내용이라든가, 영전하는 아버지를 따라 17세 때 남원을 떠나는 내용, 암행어사가 되어 남원에 내려와 열두 고을의 수령들이 잔치를 벌이는 자리에 거지꼴을 하고서 나타나 음식을 얻어먹는 장면, 그리고 그 유명한 칠언절구 시 등이다.

"항아리의 좋은 술은 많은 사람의 피요, 상 위의 맛난 음식은 만 백성의 기름이라. 촛농 떨어질 때 백성의 눈물 떨어지고, 노랫소리 높은 곳에 원망의 소리 높다"는 『춘향전』의 그것과 같다. 다만 『춘향전』에는 '樽中美酒(준중미주)'를 '金樽美酒(금준미주)'로, '玉盤佳肴(옥반가효)'를 '盤上佳肴(반상가효)'로 기록하고 있는 점이 다를 뿐이다.

이를 연구한 학자들은 『춘향전』을 지은 사람은 성이성이 소년시절 5년간 남원에 있을 때 그에게 학문을 가르쳤던

낙동강의 오래된 전설을 들려줄 것만 같은 삼강나루.

조경남(趙慶男·1570~1641년)이라 한다. 조경남은 임진왜란과 병자호란 때 의병을 일으켜 싸웠고, 그 뒤 여러 시험에 합격하여 벼슬이 주어졌으나 은둔으로 일생을 보낸 인물이다. 그러나 해피엔딩이었던 『춘향전』의 내용과는 달리 춘향은 성도령이 한양으로 떠난 뒤 비명횡사한 것으로 전해진다.

계서당을 지나 다시 신흥가계천을 따른다. 북지리의 마애여래좌상(국보 제201호)에 향을 사르고, 지금도 전통을 잇는 유기마을에 들러 징을 두드리면, 곧 석천계곡과 만나는 삼계리다. 석천계곡 상류엔 조선시대 영남 사대부들의 자연관을 짐작할 수 있는 대표적인 유교마을인 닭실마을이 있다.

이 마을에 들면 조선 중종 때의 문신 충재(沖齋) 권벌(1478~1548년)의 그림자를 벗어날 수 없다. 풍수가들은 권벌이 경영했던 닭실마을이 금계포란(金鷄抱卵)형의 명당이라 한다. 문수산에서 서남으로 뻗어온 산줄기는 암탉이 알을 품은 듯한 형국으로 마을을 내려다보고, 안산으로 있는 옥적봉은 수탉이 활개치는 모습이다. 곧 닭실의 지세는 암탉과 수탉이 서로 마주보고 사랑을 나누면서 알을 품고 있는 형국으로서 자손들이 많이 번창하고 재산이 크게 늘어나는 명당인 것이다.

닭실마을 서쪽 끝에 자리한 청암정(靑巖亭)은 마을에서 보면 눈에 잘 띄지 않는다. 아름드리 느티나무, 버드나무, 단풍나무, 향나무들에 둘러싸여 있기 때문이다. 허나 소박한 쪽문으로 들어서면 누구라도 눈이 휘둥그레질 만큼 운치 있는 풍광이 반긴다. 집채만한 둥그런 반석 위에 정자가 다소곳이 앉아 있고, 그 둘레로는 둑을 쌓고 역시 둥그렇게 못을 만들었는데 늘 맑은 물이 찰랑거린다. 아름드리 버드나무가 물가에 그늘을 드리우고 있는 못에 걸린 작은 돌계단을 건너서 들어가는 맛이 일품이다. 조선시대의 빼어난 인문학자인 이중환도『택리지』에서 "정자는 못 복판의 큰 돌 위에 있어 섬과 같으며, 사방은 냇물이 고리처럼 둘러 제법 아늑한 경치가 있다"고 표현했다. '靑巖水石(청암수석)'이란 현판은 전서(篆書)의 동방 제1인자로 칭해지던 허목의 마지막 글씨로 알려져 있어 눈길을 끈다.

요즘은 36번 국도가 있는 동쪽에서 닭실마을로 직접 들어서지만, 도로가 개설되기 전인 일제시대까지만 해도 신흥가계천과 석천계곡의 합수점에서 석천계곡을 걸어서 거

운치 있는 풍광으로 이름 높은 닭실마을의 청암정. 조선 중종 때의 문신인 권벌이 경영하던 정자다.

슬러 올라가 석천정에 올라본 뒤에야 마을로 들어설 수 있었다. 따라서 당시 닭실마을은 호리병과 같은 형국으로 펼쳐지는 기승전결의 과정이 도연명의 무릉도원을 찾아가는 듯한 과정의 경관구조를 지니고 있었다.

신흥가계천은 봉화 읍내를 지나며 비로소 내성천이란 이름을 얻으며, 만회고택과 쌍벽당을 경영해온 반가(班家)가 즐비한 마을들을 빛고, 영주시 동쪽을 적신 뒤 예천 고을로 들어선다.

예천시 호명면 백송리 내성천변 언덕에 세워진 선몽대(仙夢臺)는 퇴계 이황의 종손이며 문하생인 우암 이열도가 1563년에 지은 정자이다. 창건 당시 퇴계 이황과 약포 정탁, 서애 류성룡, 김상헌, 이덕형 등 인근의 유명 인사들이 찾아와 축하했다고 한다. 선몽대 세 글자는 이황의 친필이라 한다. 선몽대에서 내려다보는 내성천의 풍광이 좋지만 늘 문이 닫혀 있어 아쉽다. 그래도 누구나 거닐 수 있는 선몽대 주변의 노송 가득한 강변 솔밭은 강줄기와 제법 잘 어우러진다.

신몽대를 적시고 흐른 물줄기는 이젠 한반도 최고의 물돌이동인 회룡포(回龍浦)를 빚는다. 내성천 물줄기가 한 바퀴 휘돌며 빚어낸 강마을은 학의 목줄기에 매달려 있는 것처럼 아슬아슬하

조선시대 때 물맛이 가장 뛰어난 약수를 뽑는 대회에서 최고의 약수로 뽑힌 오전약수.

다. 용궁면 비룡산(240m)에 있는 회룡대는 최고의 물돌이동을 감상할 수 있는 절묘한 포인트. 여기서 내려다보면 한 삽만 뜨면 섬이 될 것 같은 비경의 물돌이동을 한눈에 담을 수 있다. 소박한 들녘과 금빛으로 반짝이는 모래사장이 옥빛 강물과 황홀한 조화를 이루는 풍광은 최고다. 특히 아침 강안개가 걷힐 무렵엔 비경이 따로 없으니 도끼자루 썩는지도 모를 정도다.

물돌이동 안에 자리 잡은 회룡포마을을 직접 둘러보는 재미도 빼놓을 수 없다. 회룡포마을은 9가구, 15명의 주민들이 옹기종기 모여 사는 영남의 전형적인 강마을이다. 회룡마을 강변길이 끝나는 주차장에 차를 주차시켜 놓고 마을을 다녀올 수 있다. 구멍 뚫린 공사용 철판을 이어 붙인 다리를 건너면 된다. 주민들이 '아르방다리' 라 부르는 이 다리는, 매년 홍수 때 떠내려가는 일이 많기 때문에 바지를 걷어올리고 강물을 건너야 한다. 만약 강물이 줄어들지 않았다면 개포면 우체국 앞에서 회룡포마을로 들어가는 도로를 이용해야 한다.

회룡포와 용궁면을 잇는 길에선 특이한 나무 한 그루를 만날 수 있다. 금원마을의 당산목으로서 수령이 500년쯤 된 것으로 추정되는 팽나무인데, 인간처럼 세금을 낸다. 버젓이 황목근(黃木根)이라는 이름도 갖고 있다. 5월이면 누런 꽃을 피운다 하여 '황(黃)' 씨 성을, 근본이 있는 나무라해서 '목근(木根)' 이라는 이름을 얻었다. 마을 사람들이 쌀을 모아 마련한 마을의 공동 재산을 1939년에 이 팽나무 앞으로 등기 이전하면서 비롯했다.

황목근이 소유하고 있는 재산은 제 주변의 논과 마을회관 땅 등을 합쳐 총 12,899m²에 이른다. 국민의 의무인 세금도 당연히 낸다. 매년 11,000원 가량의 토지종합세를 납부한다. 농촌에서 이 정도 세금을 내면 그럭저럭 먹고 살만한 수준이라는 게 주민들의 귀띔이다.

황목근은 사람처럼 세금을 내는 나무다.

황목근의 늠름한 풍채를 살펴본 뒤엔 내성천과 금천이 낙동강에 합류하는 삼강나루를 찾아가보자. 조선시대까지만 해도 나라의 대동맥인 낙동강을 따라 오르내리던 선비나 장꾼들은 대부분 삼강나루서 숨을 골랐고, 영남지방에서 백두대간을 넘어갈 때 새재를 선택했을 경우엔 이 나루터에서 낙동강을 건너기도 했다. 또한 몇십 년 전까지만 해도 부산에서 소금배가 올라왔던 곳이지만, 지금은 나룻배도 없어지고 뱃사공도 노를 놓고 떠나갔다.

뱃길도 끊긴 지 오래된 삼강나루엔 주막 한 채가 전설처럼 자리를 지키고 있다. 1300리 낙동강 중에서 유일하게 남은 허름한 주막. 그곳엔 60여 년 전에 시집오면서 주막을 시작하셨다는 유옥연(88세) 할머니께서 굽은 허리를 두드리며 아직도 손님을 맞이하신다. 손님이래야 낙동강의 옛 영화를 같이 지켜보았던 삼강마을 노인들뿐이지만.

그런데 안타깝게도 최근 나루터 자리에 콘크리트 다리(삼강교)가 놓이면서 자연스럽던 세 강의 풍치는 사라졌고, 400년 묵은 회화나무 아래서 낙동강의 사연을 들려주던 소박한 주막도 신구의 심한 부조화 속에서 역사의 뒤안길로 사라질 위기에 처하고 말았다. 우리가 편리함을 추구하는 사이에 하나둘 잃고 있는 소중한 것들이다.

백두대간의 분수령인 봉화군 물야면 선달산(1236m) 남쪽 기슭에서 발원한 내성천(乃城川)은 봉화·영주·예천을 적시고 낙동강에 합류하는 물줄기다. 길이 106.29km, 유역면적 1814.71km². 처음 신흥가계천이란 이름으로 남류하면서 봉화군 중앙부를 관류한다. 봉화읍내에서 닭실마을의 석천계곡을 받아들이면서 내성천이란 이름을 얻은 뒤 영주 동쪽을 적시고 흐른다. 영주 문수면에 이르러서는 풍기·영주를 지나온 서천을 받아들여 덩치를 키워 남서류한다. 호명면에서는 백두대간 묘적봉(1114.8m)에서 발원해 예천읍을 적시고 온 한천을 받아들여 덩치를 한껏 키운다. 이후 백두대간 대미산(1115m) 동쪽에서 발원해 문경의 동쪽을 적시고 온 금천을 받아들이자마자 곧바로 낙동강에 합류한다.

추천 여행 코스

오전약수─계서당─마애여래좌상─봉화유기─닭실마을─쌍벽당─만회고택─28번 국도─영주─예천─회룡포─삼강나루

찾아가는 길

승용차
중앙고속도로 풍기나들목─5번 국도─영주─36번 국도─봉화
중앙고속도로 예천나들목─928번 지방도─예천─34번 국도─유천─개포─장안사─회룡포

대중교통
동서울종합터미널 →봉화→ 춘양(무정차) : 매일 7회 운행(07:40~18:10), 2시간 40분 소요
부산→봉화 : 매일 3회 운행(08:45~15:35), 4시간 소요
대구→봉화 : 매일 29회 운행(07:10~21:30), 2시간 30분 소요
동서울종합터미널→예천 : 매일 13회 운행(06:20~18:40), 3시간 소요
대구북부터미널→예천 : 매일 10회 운행, 1시간 20분 소요
예천→용궁 : 매일 수시로 운행(06:47~22:30), 20분 소요
용궁→장안사(회룡포 전망대) : 택시 요금 5,000원

숙식

회룡포 근처엔 회룡포쉼터(054 - 655 - 9143)를 비롯해 민박집이 두어 곳 있다. 조금 떨어진 월오리에는 모텔 오케이(054 - 652 - 2345)가 있다. 중앙고속도로 예천나들목 근처의 학가산우래자연휴양림(054 - 652 - 0114 / www.hakasan.co.kr)을 이용하는 것도 좋다.

별미 약수탕 닭백숙
오전약수를 이용하여 닭과 황기, 인삼, 밤, 녹두 등을 넣고 푹 삶은 후 찹쌀과 대추, 생강을 넣고 죽을 끓인다. 관광식당(054 - 672 - 2330) 등 전문 식당이 많이 있다. 약수백숙 1마리(1인분) 15,000원

예천 청포묵
영남 선비는 청포묵을 젓가락으로 집어 입까지 가져가는 동안 하나도 떨어뜨리지 않아야 대접을 받을 수 있었다고 한다. '전국을 달리는 청포집(054 - 655 - 0264)'이 유명하다. 청포정식 6,000원

예천군 홈페이지 : www.yecheon.go.kr   관광안내 : 054 - 650 - 6394~5
용궁면사무소 : 054 - 650 - 6609   풍양면사무소 : 054 - 650 - 6612

홍천강 상류인 내촌천(乃村川)은 홍천군 서석면과 내촌면의 높은 산악지대를 사행천으로 굽이쳐 흐르는 물줄기이다.
홍천강도 맑은 편이지만, 그 상류인 내촌천은 더욱 맑고 깨끗하다.

자연이 그리운 자여, 내 품으로 오라!

홍천

내촌천

홍천강 상류인 내촌천(乃村川)은 홍천군 서석면과 내촌면의 높은 산악지대를 사행천으로 굽이쳐 흐르는 물줄기이다. 홍천강도 맑은 편이지만, 그 상류인 내촌천은 더욱 맑고 깨끗하다. 또 바위 봉우리와 어우러진 경관도 제법 아름답고, 물길을 따라 아이들의 물놀이터 겸 낚시터도 아주 많다. 두말이 필요 없을 정도로 여름에 아주 제격인 물줄기이다.

44번 국도를 타고 홍천을 지나 인제 방향으로 달리다 철정검문소 삼거리에서 우회전해 451번 지방도를 타면 곧바로 철정교를 지난다. 강원도에서도 가장 강원도다운 풍광과 정서가 대부분 숨어 있는 내촌천의 451번 지방도는 여름휴가 때 며칠을 빼곤 차량 통행이 많지 않아 아주 한적하다.

강원도다운 풍광이 숨어 있는 이 길은 가파른 암벽과 푸른 물줄기가 멋들어진 조화를 이루는 경관이 이어진다. 짙은 숲과 맑고 시원한 계류, 깨끗한 공기를 가슴 속 깊숙이 들이마시면 몸과 마음은 저절로 행복감으로 충만해진다.

내촌천과 장남천 합수머리에 있는 이 마을의 이름은 '아오라지'. 홍천이란 지명의 유래를 보면, 옛날에 이곳에 기러기가 모여 놀던 호수가 있었다 해서 한자로는 아호동(鵝湖洞)이라고도 한다고 밝히고 있다. 그러나 이는 두물머리를 뜻하는 것으로, 정선의 아우라지처럼 '어우러지다'에서 유래한 지명으로 보인다.

아오라지마을의 국군철정병원을 지나쳐 작은 언덕을 하나 넘자마자 오른쪽으로 물골안유원지를 알리는 입간판이 나온다. 삼형제바위 밑의 유원지 상류지역은 수온이 낮고 수심이 깊으며, 물 속엔 커다란 바위가 뒤엉켜 있어 쏘가리·꺽지·메기 등이 잘 낚인다. 중류는 유속이 빠르지만

내촌천 하류의 물골안유원지. 맑은 강물과 바위 벼랑이 잘 어울리는 곳이다.

수심이 얕아 견지낚시를 하기에 알맞다. 피라미 · 끄리 · 쉬리 등이 잡힌
다. 하류는 넓은 모래톱이 있고 수심도 얕아 어린아이들의 물놀이 장소로
적당하다.

물골안유원지를 나와 다시 451번 지방도를 타고 지르매재를 넘으면 화

내촌천 상류의 풍암리는 조선 후기 동학농민군이
관군과 싸웠던 전적지다.

상대강변. 내촌면 소재지의 상하류로 물줄기를 따라 유원지가 곳곳에 있고, 물놀이와 견지·루어낚시를 할 수 있고 다슬기도 잡을 수 있다.

내촌면 소재지를 지나 만나는 와야리 삼거리는 내촌천 상류인 서석면과 인제 상남면으로 갈리는 길이다. 이곳에서 우회전하여 얼마쯤을 달리면 홍천에서 보물급 문화재가 가장 많은 물걸리사지(강원도기념물 제47호)가 나온다. 이 절의 이름에 관한 유래는 자세히 전해지지 않지만, 통일신라시대의 홍양사(洪陽寺)가 있던 곳이라고도 한다. 이곳엔 석조여래좌상(보물 제541호), 석조비로자나불좌상(보물 제542호), 불대좌(보물 제543호), 불대좌 및 광배(보물 제544호), 삼층석탑(보물 제545호) 이렇게 무려 다섯 점이나 되는 보물이 있다. 강원도 깊은 산골 첩첩 의 오지에 있으면서도 당대 유명작품들과 어깨를 나란히 할 수 있을 정도로 솜씨가 빼어나다는 평이다.

최근 이 물걸리사지에서 신라황실과 관련된 유물이 출토되면서 이곳이 통일신라시대 후기에 영서지역의 중심사찰이었을 가능성이 제기되어 학계의 관심을 끌기도 했다. 그런데 이 깊은 산골에 고급 문화의 표본인 이런 대찰이 어떻게 들어설 수 있었을까? 예나 지금이나 이런 고급 문화를 유지 보전하기 위해서는 어느 정도의 재력이 뒷받침되어야 한다. 비록 강원의 다른 산지에 비해서 조금 너른 평야가 있다 해도 농사만 지어서는 이런 대찰을 건립, 유지하려면 한계가 있었을 것이다.

전문가들은 이 물걸리가 수운(水運)의 요지였던 데 주목하고 있다. 내촌천은 지금은 비록 깊지 않아도 예전엔 북한강을 거슬러 오른 배가 이곳까지 들어왔다. 물걸리에서 제일 번화한 마을을 사람들은 동창(東倉)이라 부른다. 동창은 조세를 보관하던 창고였는데, 인근의 서석과 내촌에서 거둬들인 조세를 이곳에서 보관했던 역사적 이력이 있는 것이다. 그러나 이곳의 동창은 임진왜란 때 소실되었다고 한다. 대동여지도에서 보이듯이 이후 창고는 이웃의 서석면으로 옮겨가긴 했어도 물걸리 동창은 임진왜란 전까지 꽤 큰 고을이었던 것을 말해준다. 결국 물걸리는 조선시대에는 역촌(驛村)과 같은 기능을 하는 마을로서 지리적으로는 동해안의 산물이 강원 내륙으로 이동하는 길목에 자리 잡고 있었다. 서울·경기와 영동지방을 잇는 교통의 요지였던 것이다.

조선시대 때 영동과 영서를 오가던 보부상들의 모임 장터로 시작되었다는 서석장.

200여 년 전에 만든 동창보는 널찍한 동창 들판에 물을 대기 위해 만든 수로다.

한때 내촌천의 중심으로서 홍천 동부를 이끌었고, 영서지방의 중심사찰도 품었던 고을이라는 자존심은 물걸리사지 근처의 팔렬공원에서도 잘 나타난다. 이곳엔 3·1운동의 함성소리가 한반도 각지로 번져가던 1919년 4월 초순의 장날에 1000여 명이 몰려들어 만세를 외치며 동창장터를 뒤흔들었던 기개가 서려 있다. 공원의 주인은 당시 희생된 8명의 열사를 기리는 동상인데, 사실적이다. 정말 아무것도 없을 것만 같던 척박한 산골에서 이런 동상을 만나는 외지인들은 다시 한 번 놀라게 된다. 경기민요의 김혜란 명창이 이곳 동창마을 계곡으로 들어와 강원민요연구원을 지은 것도 이런 분위기와 무관하지 않을 것이다.

내촌천 물가에 쌓은 동창보(東倉洑·강원도기념물 제65호)는 널찍한 동창 들판에 물을 대기 위해 만든 수로(水路)이다. 길이는 서석면 수하리에서 내촌면 물걸리까지 약 1km 정도에 이른다. 200여 년 전에 만든 것으로 전하는 이 보는 내촌면 물걸리지역 일대의 개척과 관련된 농경유적으로, 조선 후기의 수리 및 관개 시설의 형태를 비교적 잘 보여주는 유적이다. 조선시대 천수답의 단점을 극복하기 위한 산골 농민들의 노력의 결과물이다. 물길을 끼고 있는 암벽에는 '보주 김군보(洑主 金君甫)'라는 글귀가 보이는데, 김군보라는 개인이 자신의 재산을 털어 직접 만들었다고 한다.

동창보를 지나 444번 지방도를 타면 얼마 지나지 않아 내촌천의 최상류인 서석면으로 들어선다. 풍암리 동학혁명군전적지(강원도기념물 제25호)는 조선 후기 동학농민군이 관군과 싸웠던 전적지이다. 1894년 당시 홍천지방에서도 농민운동이 크게 일어나 농민군의 일부가 관아를 공격하고자 산에서 내려와 장야촌까지 진군하였으나, 관군의 총사령관 맹영재와 싸워 동학군 30여 명이 전사하였다.

호밀이 있는 강변 농가의 풍경이 제법 평화롭다.

여기에서 패한 동학군은 풍암리에 다시 집결하여 최후의 항전지인 자작고개에서 김숙현을 중심으로 관군과 싸웠으나 끝내 패하고 말았다. 당시 사망자 수는 800여 명으로 추정하고 있다. 1976년에는 자작고개에서 동학군의 유해더미가 발견되기도 했다. 지금도 풍암리 주민들 중에는 동학 교도로서 이 전투에 참가하였다가 전사한 사람들의 제사를 음력 10월 20일부터 며칠 사이에 지내는 집이 많다고 한다.

조선시대 때 영동과 영서를 오가던 보부상들의 모임장터로 시작되었다는 서석장(4, 9일장)도 내촌천 여행에서 꼭 들러보고 싶은 곳이다. 지금은 비록 규모가 작지만 조선시대까지만 해도 제법 북적거렸던 곳이다. 소를 팔고 사는 우시장엔 횡성·인제·평창 등 인근 각지에서 많은 사람들이 몰려들어 전성기를 누렸으나 6·25전쟁을 거치면서 장세가 약화되어 깊은 산골의 한적한 장에 불과한 신세로 전락하고 말았다. 그러다 1990년대 중반 이후 홍천까지 4차선 도로가 뚫리고 56번 국도가 포장되면서 서석장은 조금씩 활기를 찾아가고 있다.

홍천군의 옥수수 재배면적은 전국에서 가장 너른데, 그 중 서석면의 수

확량이 가장 많다. 옥수수를 수확하는 여름날엔 진짜 '강원도 찰옥수수'를 실컷 맛보고 싸게 구입도 할 수 있다. 물론 봄날이라면 강원도 산골에서 채취한 싱싱한 산나물을 싼 값에 살 수 있다.

GUIDE | 여행가이드

홍천강 상류인 내촌천(乃村川)은 홍천군 서석면 검산리 미약골에서 발원해 두촌면 철정리 아오라지에서 장남천과 합류하는 물줄기이다. 서석면과 내촌면의 높은 산악지대를 사행천으로 굽이쳐 흐르기 때문에 바위 봉우리와 어우러진 경관이 제법 아름답다. 반면에 서석면 읍내의 풍암리, 상군두리, 하군두리 일대와 내촌면 물걸리의 동창 일대에는 산골답지 않게 제법 널따란 들녘을 빚기도 했다. 여름에 즐길 수 있는 물놀이터 겸 낚시터가 많다.

추천 여행 코스
철정 삼거리(우회전) - 물골안유원지 - 지르매재 - 화상대강변유원지 - 솔밭유원지 - 내촌 - 와야리 - 삼거리(우회전) - 물걸리사지 - 동창마을 - 진여울유원지 - 44번 지방도 - 서석장터

찾아가는 길
승용차 수도권에서 44번 국도로 접근하는 것이 가장 무난하다. 홍천서 56번 국도를 타면 서석으로 직접 간다. 내촌을 먼저 들르려면 철정검문소 삼거리에서 우회전해 451번 지방도를 타면 된다.
대중교통
서울 상봉터미널 → 홍천 : 매일 20~30분 간격으로 24회 운행(05:45~21:10), 1시간40분 소요
동서울종합터미널 → 홍천 : 매일 10~20분 간격으로 37회 운행(06:00~21:00), 1시간 50분 소요
군내버스
홍천시외버스터미널(033 - 432 - 7891)에서 내촌행(매일 12회)이나 서석행(매일 7회) 버스를 이용
홍천 → 내촌 → 동창 → 수하리 : 매일 5회 운행(06:30, 08:50, 10:50, 14:40, 18:00), 1시간 소요

숙식
내촌천 강변마을마다 유원지가 형성되어 있다. 그러나 대부분 여름 한철에만 문을 연다. 물골안유원지, 화상대강변유원지, 솔밭유원지 등이 인기가 있다.

별미
옥수수 찐빵
서석면 두메식품(033 - 436 - 4488)에서 옥수수로 옛 맛과 향수를 살려 옥수수찐빵을 만들었다. 구수한 옥수수 맛과 팥맛이 어우러져 먹는 사람의 미각을 돋운다. 옥수수찐빵 25개들이 한 상자에 7,000원. 이외에 옥수수피자맛찐빵, 옥수수찰국수, 옥수수쌀과 옥수수가루도 판매한다.

홍천군 홈페이지 : www.hongcheon.gangwon.kr 경제관광과 : 033 - 430 - 2350, 2544

06 | 남한강

단양 남한강의 가장 하류는 유서도 깊고 경관도 빼어난 장회나루다. 나루 근처의 장회여울은 정선 동강의 황새여울 못지 않게 급류가 심한 곳이라 그 옛날 마포나루까지 뗏목을 나르던 뗏사공들이 애를 먹던 곳이지만, 충주댐이 생기고 호수가 되는 바람에 이젠 추억 속으로 사라졌다.

기생의 풍악이 없어도 장회나루 뱃놀이는 천하제일

단양
남한강

이른 아침마다 물안개 자욱히 피어오르는 충주호. 그 상류에 자리한 단양은 남한강과 석회암이 어우러져 빚어낸 절경으로 널리 알려진 고을이다. 단양이 자랑하는 여덟 가지의 빼어난 경관인 단양팔경은 영동지방의 관동팔경과 함께 쌍벽을 이루는 팔경이라 인정받고 있다.

단양 남한강의 가장 하류는 유서도 깊고 경관도 빼어난 장회나루다. 나루 근처의 장회여울은 정선 동강의 황새여울 못지 않게 급류가 심한 곳이라 그 옛날 마포나루까지 뗏목을 나

南漢江

도담삼봉의 겨울 풍경. 사시사철 사진작가들로 붐빈다.

르던 뗏사공들이 애를 먹던 곳이지만, 충주댐이 생기고 호수가 되는 바람에 이젠 추억 속으로 사라졌다.

강가에 솟은 깎아지른 듯한 바위 봉우리는 거북을 닮아 구봉(龜峰)이고, 물 속에 있는 바위는 거북무늬를 띠고 있어 구담(龜潭)이라 불리니 합해서 구담봉(龜潭峰)이다. 그 하류 강가에 비쭉 솟은 옥순봉(玉筍峰)은 희고 푸른 바위가 비 온 후의 죽순과 같다고 해서 붙여진 이름이고. 이렇게 아름다운 자태로 단양팔경의 삼경과 사경 자리를 차지한 구담·옥순 두 봉우리가 비치는 강에서 벌이는 뱃놀이는 오래 전부터 천하제일의 흥취로 꼽혀왔다. 병풍 그림으로나 보던 그 경치가 바로 여기에 있는데, 김홍도도 이곳의 아름다움을 그림으로 남겼다.

장회나루에서 유람선을 타면 당시의 흥을 좀더 가까이 느낄 수 있다. 구담봉, 옥순봉이 손에 잡힐 듯 다가왔다 멀어지고, 갖가지 형상의 암봉들은 꿈결인 듯 물결에 일렁거린다. 창공을 향해 솟구쳐 오르는 제비봉의 날개짓도 날렵하다. 비록 기생의 가야금 소리가 흥을 돋워주는 황포돛배가 아니라 해도 어찌해서 선인들이 장회나루 뱃놀이를 천하제일의 흥취로 여겼는지 알 만하다.

옥순봉은 단양팔경에 꼽히긴 해도 행정구역으로 보면 사실은 제천시 청풍면에 속해 있다. 청풍은 조선시대까지만 해도 남한강변에 있는 당당한 군(郡)이었다. 당시에도 청풍 관내에 있던 옥순봉이 단양팔경의 하나로 선택된 데는 조선시대 최고의 도학자인 퇴계 이황에 관한 이야기가 전한다.

이황이 단양군수로 재직할 당시 단양팔경을 정하는데, 일곱 가지는 찾았으나 마지막 명소를 찾지 못했다. 그런 이황이 눈독을 들인 게 바로 옥순봉이었다. 그러나 옥순봉은 청풍에 속하였다. 이에 이황은 평소 개인적인 인연이 깊은 청풍 수령 이지번(?~1575년)에게 청을 넣었다. 이지번은 이를 허락지 않았다. 그러자 이황은 고심 끝에 옥순봉 석벽에 단양으로 들어서는 관문이라는 뜻으로 '丹邱洞門(단구동문)'이라는 글씨를 새겼다. 이후 단양팔경의 하나로 인정받은 옥순봉은 당당히 단양의 관문 역

태백 금대봉의 검룡소에서 발원해 양평에서 북한강과 합류하는 남한강은 한반도 중부 지방의 소중한 젖줄이다.

할을 했다고 전한다. 이황의 글씨는 충주호가 생긴 뒤에는 물에 잠겨버렸고, 요즘엔 갈수기에만 살짝 드러난다고 한다.

퇴계 이황과 단양 출신의 명기 두향(杜香)이 이곳을 배경으로 사랑을 나눈 이야기는 오랫동안 사람들의 입에 오르내렸다. 이황이 48세 되던 해에 단양 사또로 부임할 당시, 단양 고을에서 활동하던 관기였던 두향은 가무는 물론 시서에 능했고, 지조도 높은 여인이었다. 이황의 학문과 인품에 반한 두향은 이황의 수청 기생을 자청했다. 당시 이황은 둘째 부인

과 사별한 지 이태가 지났고, 단양에 온 지 얼마 되지 않아 둘째 아들마저 잃고 슬픔에 빠져 있을 때였다.

우여곡절 끝에 이황이 좋아하던 매화를 매개로 인연을 맺은 두 사람은 남한강변의 산수를 즐기며 정을 쌓아갔다. 그러나 이황이 단양에 온 지 10개월 만에 풍기군수로 발령이 나면서 이황과 두향의 사랑은 끝났고 말았다. 이황이 단양을 떠나자 두향은 구담봉 앞 강선대가 내려다보이는 산 마루에 초막을 짓고 은둔생활을 했고, 나중에 이황이 안동에서 타계하자 강선대에 올라 거문고로 초혼가를 탄 후 자결했다고 한다. 스물 여섯의 짧은 생이었다. 전하는 말에는 이황이 숨을 거두기 직전에 물을 주라고 말한 매화나무는 당시에 두향이 선물한 것이라 한다.

어쨌거나 두향의 시신은 유언대로 강선대 가까이에 묻혔고 그로부터 단 양 기생들은 강선대에 오르면 반드시 두향의 무덤에 술 한잔을 올리고 나 서야 풍악을 울렸다. 백여 명이 앉아서 놀 수 있었던 강선대 바위는 충주 호에 수몰되고, 이황의 후손이 관리해왔다는 두향의 묘는 강선대 위쪽으 로 옮겨졌다.

단양 남한강으로 흘러드는 지류는 많다. 특히 백두대간에서 발원해 남한 강에 몸을 섞는 지류에는 수많은 절경이 널려 있다. 우선 이황이 만든 보 (洑)가 있었다는 단양천 물줄기엔 하선암(下仙巖) · 중선암(中仙巖) · 상선암 (上仙巖)이 단양팔경에 이름을 올려놓았다.

단양천에서 세 신선들을 만난 뒤 설치재를 넘으면 사인암(舍人嵓)이다. 단양팔경 중 여덟 번째에 속하는 사인암은 월사천과 남조천의 맑은 계류 와 깎아지른 바위, 그리고 푸른 소나무가 절묘한 조화를 이뤄 찬탄하게 되는 경관을 자랑한다. 고려 말의 학자 우탁이 노래한 "뛰어난 것은 무리

에 비할 것이 아니며…" 하는 시구(詩句)대로 비길 데 없는 독특한 경관
이다. 사인암이란 이름은 우탁이 '사인'이란 벼슬을 지낼 때 이곳에서 노
닐었다는 데서 유래했다. 또 퇴계 이황을 비롯한 여러 시인묵객들이 쓴
글씨가 바위벽을 돌아가며 있으니 눈요기도 할 수 있는 바위다.

사인암에서 물줄기를 따라 927번 지방도를 따라가면 신라가 고구려의
영토인 이곳을 점령한 후에 세력을 과시하고 민심을 안정시키기 위해 세
운 신라적성비(국보 제198호)가 있다.

여기서 남한강을 좀더 거슬러 오르면 도담삼봉(嶋潭三峰)이다. 맑고 푸
른 남한강 가운데에 떠 있는 세 개의 바위 봉우리인 도담삼봉은 누가 뭐
라 해도 단양팔경의 으뜸이다.

한가운데 높이 6m의 늠름한 장군봉(남편봉)을 중심으로 북쪽 봉우리를
처봉이라 하고 남쪽 봉우리를 첩봉이라 한다. 전하는 바에 의하면 처봉은
아들을 얻기 위해 첩을 둔 남편을 미워하여 돌아앉은 본처의 모습이라 한
다. 이황은 "산은 단풍잎 붉고 물은 옥같이 맑은데, 석양의 도담삼봉엔 저녁
놀 드리웠네. 별빛 달빛 아래 금빛 파도 어우러지더라." 하고 노래했다. 그
러나 암봉 사이로 솟는 아침 일출의 경관도 매우 빼어나서 사진작가들의 단
골 촬영 장소로 사랑 받고 있다.

단양팔경의 으뜸답게 경관이 빼어나고 얽힌 얘기도 많다. 원래 삼봉은
강원도 정선에 있던 삼봉산이, 어느 해 장마 때 이곳까지 떠내려왔다고
한다. 그 이후부터 단양에서는 매년 정선에 세금을 내고 있었다. 조선의
개국공신인 삼봉(三峰) 정도전(鄭道傳·1337~1398년)은 단양 매포읍 사
람으로서 공부하던 어린 시절 도담삼봉을 자주 찾았다. 그는 자신의 호도
삼봉이라 할 정도로 이곳을 사랑했다. 그런데 어느 날 단양이 정선에 세

세 개의 바위섬으로 이루어진 도담삼봉은 단양팔경 중 제일의 경관을 자랑한다.

맑은 물과 깎아지른 바위, 그리고 푸른 소나무가 절묘한 조화를 이
루는 사인암.

금을 내는 것을 보고, 소년 정도전은 "우리가 삼봉더러 정선에서 떠내려오라 한 것도 아니요, 오히려 물길을 막아 피해를 보고 있고, 아무 소용이 없는 봉우리에 세금을 낼 필요가 없으니 필요하면 도로 가져가라."고 했다. 물론 그 뒤부터는 정선에 세금을 내지 않았다고 한다. 물론 지질학자들은 삼봉이 정선서 떠내려왔다는 것은 전설일 뿐이라고 말한다.

단양엔 단양팔경만 있는 것이 아니라 제2의 단양팔경으로도 불리는 신단양팔경도 있다. 약속다리 건너의 다리안산, 은옥의 신비경인 죽령폭포, 7개의 70자 바위인 칠성암, 장대한 병풍절벽인 북벽, 불제자의 법문인 구봉팔문, 신선이 바위를 두던 일광굴, 비단 위에 누운 미녀 같다는 금수산, 바보온달과 평강공주의 이야기가 전하는 온달산성이 그것이다. 이

중 남한강이 크게 굽이 돌아가는 단양 영춘면에 자리 잡은 온달산성은 단양 남한강 기행에서 결코 빼놓을 수 없는 곳이다.

산성으로 오르는 길은 코가 땅에 닿을 정도로 가파르다. 중턱의 사모정(思慕亭)에서 시원한 강바람에 땀을 식히고 능선을 계속 따르면 온달산성(사적 제264호)이 반긴다. 북으론 산자락을 휘돌아 가는 남한강 물줄기가 시원하고, 남으론 반공(半空)에 걸린 백두대간의 소백산 줄기가 장하다. 거기에 성안 골짜기의 지형을 따라간 견고한 성벽도 휘감기는 강줄기처럼 우아한 곡선을 그리며 물처럼 흐르는데, 그 성벽 위에 가만히 앉으면 '봄이 긴 고을'이란 지명을 지닌 강마을 영춘(永春)이 내려다보인다.

성벽의 길이는 683m로 소규모이지만 삼국의 산성 중 보존상태가 가장 좋다는 온달산성은 '바보 온달과 평강공주' 설화로 잘 알려진 고구려 명장 온달(溫達)장군(?~590년)이 쌓은 산성이라고 전한다. 『삼국사기』온달전에 의하면 평원왕의 사위였던 온달은 신라에 빼앗긴 남한강 유역을 되찾기 위해 590년(영양왕 1년)에 천릿길을 달려왔다. 온달은 '계립령과 죽령 서쪽 땅을 되찾지 못한다면 돌아오지 않겠다'며 비장한 출사표를 던졌지만 안타깝게도 아단성(영춘의 옛 이름. 서울 광나루의 아차산성이라는 견해도 있다)에서 신라군과 싸우다 화살에 맞아 죽고 만다.

그래서인지 영춘 일대엔 불운한 영웅이었던 온달에 얽힌 전설이 많이 전한다. 상류의 상리나루는 온달을 장사 지낸 곳이다. 장사를 지낼 때 아무리 힘을 써도 관이 움직이지 않았는데, 평강공주가 와서 관을 어루만지며 "생사가 이미 결정되었으니 한을 푸시오." 하니 관이 움직였다고 한다. 부근의 '쉬는 돌'은 온달이 후퇴하다가 윷을 놀던 곳이라고 한다. 또 하류의 군간(軍看)나루는 온달의 군사들이 파수를 보던 곳이다. 군간나루 북

오랜 세월을 견뎌온 온달산성의 우아한 곡선과 남한강 물줄기가 잘 어울린다.

쪽의 선돌은 온달의 성 쌓기를 돕던 마고할미가 온달이 죽었다는 소식을 듣고는 팽개친 것이라고도 하고, 온달을 도우려 달려오던 누이동생이 패전소식에 그 자리에서 굳어 돌이 된 것이라고도 한다. 이외에도 장군목, 대진목, 방터, 성재고개 같은 지명들에서 삼국시대 당시 이 지역의 전략적 위치를 되짚어보는 일은 어렵지 않다.

온달산성 남문은 조선의 풍수학자 남사고(南師古)가 '사람을 살리는 산'이라고 말한 소백산을 조망하기에 더없이 좋은 명당이다. 백두대간 산줄기를 병풍 삼아 불쑥 솟은 봉우리들은 이름하여 구봉팔문(九峰八門). 신비한 기운이 흐르는 그 계곡 안쪽엔 우리 나라 태고종의 본산인 구인사(救仁寺)가 자리 잡고 있다.

사람을 살리는 절, 구인사는 천태종의 중흥조인 상월원각(上月圓覺) 대조사가 20세기 중반인 1946년 구봉팔문의 연화지를 찾아 터전을 닦기 시작하면서 이룩된 가람이다. 소백산의 정기가 응축된 명당 중의 명당에다 낮에는 일하고 밤에는 도를 닦는 주경야선(晝耕夜禪)의 수행기풍 덕분인 지 반세기도 안 되어 1만 명을 한꺼번에 수용할 수 있는 법당까지 갖춘 대 가람이 되었다.

G UIDE | 여행가이드

단양팔경은 남한강 고을인 단양군을 지나는 남한강 본류와 지류인 단양천 등 12km 내외에 산재하고 있는 명승지로서 ① 도담삼봉, ② 석문, ③ 구담봉, ④ 옥순봉, ⑤ 하선암, ⑥ 중선암, ⑦ 상선암, ⑧ 사인암을 말한다. 여기에 새로 지정한 신단양팔경은 ① 다리안산, ② 죽령폭포, ③ 칠성암, ④ 북벽, ⑤ 구봉팔문, ⑥ 일광굴, ⑦ 금수산, ⑧ 온달산성이다.

추천 여행 코스

장회나루 — 유람선 — 하선암 — 중선암 — 상선암 — 사인암 — 신라적성비 — 5번 국도 — 단양 — 도담삼봉 — 59번 국도 — 온달산성 — 구인사

찾아가는 길

승용차 영동고속도로 — 중앙고속도로 — 북단양나들목 — 5번 국도 — 단양
대중교통
동서울종합터미널 → 단양 → 구인사 : 매일 수시 로 운행(06:35〜18:10), 2시간 10분 소요
부산 → 단양 → 구인사 : 매일 3회 운행(08:10〜14:05), 4시간 소요

숙식

남한강 물줄기를 따라 매운탕집 등이 눈에 많이 띈다. 여관과 식당이 몰려 있는 단양 읍내에서 잠자리와 먹거리를 해결하는 것이 편리하다. 온달산성 부근은 마땅한 숙박시설이 없지만, 구인사 입구엔 여관과 민박집이 있다.

별미

산채도토리냉면
구인사 입구의 금강식당(043 - 423 - 2594)은 '산채도토리 쟁반냉면'으로 잘 알려져 있다. 산채도토리냉면은 도토리가루와 감자가루로 만든 면과 더덕, 참나물 등 인근에서 나는 17가지 나물에 시원한 육수를 섞어서 먹는 냉면이다. 맛이 담백하고 깔끔한 것이 특징이다. 기본 2인분에 1만 6,000원

단양군청 홈페이지 : www.danyang.chungbuk.kr
관광진흥과 : 043 - 420 - 3544, 3593   단양관광안내소 : 043 - 422 - 1146

두 절벽 사이로 가까이 가면 강 건너편 벼랑 아래에 앉은 정자 하나가 선경으로 다가온다. 퇴계 이황의 제자인 금난수(琴蘭秀)가 경영하던 고산정(孤山亭)이다. 고산협과 어우러진 정자의 풍경은 낙동강 700리에서 이보다 아름다운 곳이 있을까 싶을 정도로 빼어나다.

명호강

명호강(明湖江)은 낙동강의 최상류이다. 곳곳에 기암절벽이 우뚝우뚝 빼어난 경관을 자랑하는 청량산(淸涼山 · 870m)은 낙동강 상류인 명호강에 그려진 한 폭의 수묵화다. 조선시대 때 지리학자 이중환은 『택리지』에서 "밖에서 보면 다만 흙묏부리 두어 송이뿐이나, 강 건너 골 안에 들어가면 사면에 석벽이 둘러 있고, 모두가 만 길이나 높으며 험하고 기이한 것이 이루 형용할 수 없다."고 그 비경을 찬탄하였다. 또 주세붕은 기행문 『청량산록』에서 "단정하면서도 엄숙하고 밝

으면서도 깨끗하며 비록 작기는 하지만 가까이 할 수 없는 것이 바로 청량산이다."며 청량산의 기품을 높이 표현했다. 청량산 봉우리는 흔히 육육봉(六六峯)이라 불리는데, 이는 빼어난 12봉우리를 말하는 것으로 주세붕이 처음 붙인 것이다.

청량산엔 어깨동무하고 늘어선 암봉들과 잘 어울리는 절집이 깃들어 있다. '구름으로 산문을 지은 청정도량'이라는 청량사(淸凉寺)다. 절집과 산이 멋들어지게 조화를 이루었다. 최근에 불사를 했음에도 청정도량이라 불리는 데 부끄러움이 없을 정도로 정갈하다.

청량산 열두 암봉 한가운데에 연꽃처럼 자리 잡은 청량사는 663년(신라 문무왕 3년)에 원효대사가 창건한 사찰이다. 이 사찰을 의상대사가 창건했다는 설도 있다. 본전인 유리보전(琉璃寶殿·경북 유형문화재 제47호)은 모든 중생의 병을 다스리는 약사여래불을 모신 전각이다. 부처님은 종이를 다져 만든 '지불(紙佛)'이라는 점이 특이하다. 지금은 금칠을 했다. 전쟁 때 불에 타서 폐사가 된 문수전의 문수보살과 명부전의 지장보살을 옮겨 약사여래불 좌우에 모셨다. 현판은 청량산으로 피신을 왔던 공민왕의 친필이라 전한다.

금탑봉 중간 절벽 아래에 있는 응진전(應眞殿)은 원효대사가 머물렀다는 암자다. 유리보전에 비하여 소박하지만 남쪽의 축융봉을 바라보는 전망이 좋다. 축융봉엔 공민왕이 1361년에 홍건적의 침입을 피해 쌓은 청량산성과 공민왕이 은신한 공민왕당 등 많은 역사적 유적지가 있다. 산

아래 주민들이 매년 공민왕제를 지낸다.

청량사에서 응진전으로 넘어가는 길목의 어풍대(御風臺)는 산과 절집을 감상하는데 최적지로 꼽힌다. 청량산 12대 중 이렇게 조망이 좋은 명당을 찾기도 힘들다. 여기에 서면 누가 봐도 '산은 연꽃이고, 절터는 꽃술'이라는 사실을 대번에 알아차릴 수 있다.

이러한 맑은 정기 때문일까. 청량산은 명필, 명문, 석학과 유독 인연이 깊다. 우선 최치원과 관련 있는 유적지인 고운대와 독서당이 있다. 하지만 아쉽게도 최치원이 마시고 머리가 맑아졌다는 총명수(聰明水)는 석간수임에도 촛농 때문인지 이젠 입을 대기도 어려울 정도로 지저분하다.

김생이 10년간 글공부하던 김생굴엔 9년을 공부한 후 하산하던 김생에게 부족함을 일깨워 줘 10년을 채워 공부하게 만들었던 청량봉녀의 전설이 전한다. 청량산에서 글씨를 연습하여 입신의 경지에 도달한 김생은 이름 그대로 당대의 제1인자였다. 그가 쓴 불경 40여 권이 청량산 연대사(蓮臺寺)의 불당 내에 보존되고 있었으나 어느 때인가 없어지고 말았다고 한다.

청량산과 가까운 안동에 살던 퇴계 이황은 청량산의 아름다움에 매료되어 말년엔 스스로 호를 '청량산인(淸凉山人)'이라 짓고 오산당(吾山堂)에서 공부하고 후학도 가르쳤다. 당시에 지은 시엔 무릉도원 같은 청량산이 외부에 알려지지 않기를 바라는 이황의 소박한 욕심이 잘 나타나 있다.

청량산 육육봉을 아는 이는 나와 백구(白鷗)
백구야 날 속이랴마는 못 믿을손 도화(桃花)로다
도화야 물 따라가지 마라, 어부가 알까 하노라

청량산을 벗어나 명호강을 따라 나 있는 35번 국도를 따라가다 보면 강 건너 벼랑 아래에 풀숲엔 옛 길이 희미하다. 그 옛날 청량산을 사랑하던 현인과 석학들이 다니던 길이요, 등짐 지고 강마을의 장터를 오르내리던 장돌뱅이들이 걷던 길이다. 이곳은 무엇보다 청량산을 아꼈던 이황 이 다니던 옛 길이다.

광석나루터에서 국도를 따라 안동 쪽으로 2km쯤 내려가다 만나는 '농암종택' 이정표를 따라 좌회전해 강변 쪽으로 들어가면 도산면 가송리 쏘두들마을이 나온다. 강 너 머엔 붉은 빛깔이 도는 층암절벽이 강 양쪽으로 수 십 길 높이로 일어서 있다. 바로 고산협(孤山 峽), 가송협(佳松峽)이라고 부르는 곳이다. 아주 오랜 옛날에는 강 양쪽의 바위가 하나로 붙어 있었는데, 용이 그 사 이를 갈라놓았다는 전설이 있 거니와 협곡 사이에 있 는 깊은 소(沼)로부터 쏘두들이라는 지명이 유래했다 한다. 절 벽엔 내병대·외 병대·학소대 같 은 이름이 붙어 있다.

학소대는 예전엔 학이 많이 서식했다고 하나 지금은 없고, 학 번식지라는 표석만 남아 있다.

두 절벽 사이로 가까이 가면 강 건너편 벼랑 아래에 앉은 정자 하나가 선경으로 다가온다. 이황의 제자인 금난수(琴蘭秀)가 경영하던 고산정(孤山亭)이다. 고산협과 어우러진 정자의 풍경은 낙동강 700리에서 이보다 아름다운 곳이 있을까 싶을 정도로 빼어나다. 평소 금난수를 아낀 이황은 이 정자를 자주 찾아와 경치를 즐겼고 한다.

시원한 물줄기가
쏟아지는 청량폭포.

日洞主人琴氏子(일동주인금씨자) 일동이라 그 주인 금씨란 이가
隔水呼問今在否(격수호문금재부) 지금 있나 강 건너로 물어보았더니
耕夫揮手語不聞(경부휘수어불문) 쟁기꾼은 손 저으며 내 말 못 들은 듯
悵望雲山獨坐久(창망운산독좌구) 구름 걸린 산 바라보며 한참을 기다렸네

– 퇴계 이황의 '고산석벽에 쓰다' 전문

고산정 오른쪽의 가사리마을 뒤로는 청량산의 축융봉(845.2m)이 우람하다. 바로 고려 공민왕이 홍건적의 난을 피했던 청량산성이 있는 봉우리다. 가사리마을엔 공민왕의 딸을 제사지내는 부인당이 있다. 또한 정월 열 나흗날과 단오 전날 밤 당집에서 제사지내는 동제도 수백 년째 이어져 온다.

이곳서부터 도산서원까지 이어지는 강변은 이황이 말년에 자주 거닐던 강변이다. 이황은 청량산의 오산당에서 도산서원을 오가거나 도산서원에서 산책 삼아 거닐 때 이 길을 이용했다. 이황의 〈도산십이곡〉 가운데 제9곡의 "고인(古人)도 날 못 보고 나도 고인(古人) 못 뵈 / 고인(古人)을 못 봐도 예던 길 앞에 있네 / 예던 길 앞에 있거든 아니 보고 어쩔고"의 '예던 길'이다. 이는 성현들이 행한 도리의 은유로서 성현이 행한 것처럼 도리를 다하리라는 뜻을 담은 시다. 이황은 이 강변을 거닐면서 옛 성현들의 '예던 길'을 걸으려 힘썼다. 안동시에서는 도산서원 너머 퇴계종택부터 농암종택이 있는 가송리까지의 옛 길을 '예던 길'이란 이름으로 복원 중에 있다.

강변길을 따라 1km쯤 내려가면 농암종택이다. 이 길은 비록 짧긴 해도 미루나무가 서 있는 풍경이며 모든 게 자연 그대로다. 〈어부사〉를 남긴 농

암(聾巖) 이현보(李賢輔·1467~1555년)의 후손들이 살고 있는 농암종택 자리는 강물이 휘돌아 가는 풍광이 일품이다. 그러나 이현보가 살던 옛 터는 아니다. 1975년 안동댐 수몰지역인 분천리에서 떠난 후 고향을 잃고 마땅한 터를 찾지 못해 방황하던 후손은 30년이 지나서야 이곳에 자리 잡을 수 있었다. 종택의 상징적인 건물인 긍구당(肯構堂)은 고려 말에 지어진 것으로 600년이 넘은 고옥이지만 안동 선비의 성품을 닮은 듯 검소하면서도 당당

명호강 기슭의 고산정은 이황의 제자인 금난수가 경영하던 정자다.

하다. 긍구당이란 『서경(書經)』에 나오는 구절로, 조상의 업적을 길이길이 이어받는 집이라는 의미다.

이황은 『농암야록』후기에서 이현보를 일컬어 "부귀를 뜬구름에 비기고 고상하고 품위 있는 생각을 물외(物外)에 부쳐 낚시터에 배회하는 선생의 강호지락(江湖之樂)은 가히 진의를 얻었다."고 했는데, 이 집터는 1542년 이현보가 왕과 동료들의 만류를 뿌리치고 은퇴해 머물던 옛 터에 비해 부족함이 없다.

긍구당과 사당은 옛 건물이라 세월의 냄새가 물씬 풍기지만, 사랑채와 안채는 새로 지었기 때문에 짙은 솔향이 살아 있다. 무엇보다 긍구당 누

마루에 앉아서 바라보는 낙동강 물굽이가 일품이다. 이른 봄과 가을 아침엔 강에서 피어오른 물안개가 종택을 감싸고 도는 운치를 감상할 수 있다.

G UIDE | 여행가이드

태백의 너덜샘(은대샘)에서 발원한 낙동강 물줄기는 황지에서 숨을 고른 뒤 태백을 빠져 나온 다음, 석포·승부·소천을 지나 춘양을 적시고 흘러온 법전천을 받아들이면서 비로소 강의 체면을 갖춘다. 이후 청량산을 휘돌아 아름다운 경치를 빚으면서 낙동강이란 이름으로 안동호로 흘러든다.

추천 여행 코스
이나리강변 – 청량산 매표소 – 오산당 – 내청량사 – 정상 – 보살봉 – 김생굴 – 응진전 – 입석 – 청량산박물관 – 고산협 – 고산정 – 농암종택

찾아가는 길
승용차 중앙고속도로 풍기나들목 – 5번 국도 – 영주 – 36번 국도 – 봉화 – 918번 지방도 – 봉성 – 명호 – 35번 국도 – 청량산
영남지방에서는 남안동나들목 – 5번 국도 – 안동 – 35번 국도 – 와룡 – 도산 – 청량산
시외버스 동서울종합터미널→봉화 : 매일 7회 운행(07:40, 09:40, 10:52, 11:50, 13:50, 16:10, 18:10), 2시간 40분 소요
부산→봉화 : 매일 3회 운행(08:45~15:35), 4시간 소요
대구→봉화 : 매일 29회 운행(07:10~21:30), 2시간 30분 소요
봉화시외버스터미널(054 - 673 - 4400)→청량산 : 매일 4회 운행(06:20, 09:20, 13:30, 17:40), 40분 소요

숙식
청량산 입구의 청량산휴게소(054 - 672 - 1447), 청하식당(054 - 672 - 1385), 산성식당(054 - 672 - 1133) 등의 식당은 민박도 함께 한다. 래프팅의 출발지이기도 한 명호면 소재지의 이나리강변유원지에도 민박집이 많이 있다. 가송리 농암종택(054 - 843 - 1202/www.nongam.com)에서는 종가체험도 할 수 있다.

별미 봉성 소나무숯불구이
청량산과 가까운 봉성면은 돼지숯불구이로 유명한 곳이다. 암퇘지고기를 두툼하게 썰어 소나무 숯불에서 석쇠에 구우면서 소금으로 간을 하면 고기가 연하면서도 쫄깃쫄깃해진다. 두리봉식육식당(054 - 673 - 9037), 봉성숯불식당(054 - 672 - 9130) 등 20여 곳이 있다.

청량산관리사무소 : 054 - 679 - 6321
봉화군청 홈페이지 : www.bonghwa.go.kr 문화관광과 : 054 - 679 - 6394
안동시청 홈페이지 : www.andong.go.kr 문화체육관광과 : 054 - 851 - 6393

보성강은 순천과 곡성고을을 적시고 북으로 거듭 진로를 잡으며 흐르다가 깊은 산간 내륙 분위기가 물씬한 압록(鴨綠)에서 섬진강에 몸을 섞는다. 보성강 여정은 물빛이 청둥오리의 모가지 빛깔을 닮았다는 압록부터 시작한다.

보성강

보성강의 발원지는 남풍이 불 때마다 갯내음 물씬 풍기는 보성고을의 일림산(626.8m) 자락이다. 그리고 특이하게도 보성강은 순천과 곡성고을을 적시고 북으로 거듭 진로를 잡으며 흐르다가 깊은 산간 내륙 분위기가 물씬한 압록(鴨綠)에서 섬진강에 몸을 섞는다. 보성강 여정은 물빛이 청둥오리의 모가지 빛깔을 닮았다는 압록부터 시작한다.

압록은 곡성 땅이다. 곡성 주민들은 보성강 하류, 곧 석곡에서 죽곡을 거쳐 압록에 이르는 20여km의 물줄기를 따로 대황강(大荒江)이라고 부른다. '대황강 8대 어진(魚田)'이라 불리는 소(沼)는 곡성 주민들이 자랑해 마지 않는 어족 자원의 보고이다. 은어 · 쏘가리 · 참게, 그리고 천연기념물인 수달이 서식할 정도로 물이 깨끗함을 자랑하고 있다. 그리고 호남사람들이 대사리라 부르는 다슬기도 많다.

대황강 하류로 합류하는 동계천을 거슬러 오르면 봉두산(753m) 태안사(泰安寺)다. 입구에서 가람까지의 2km쯤 되는 계곡길은 아기자기한 맛을 지니고 있다. 고로쇠나무 · 떡갈나무 · 단풍나무 · 소나무들이 우거진 숲 속 차가운 계류에 발을 담그면 한여름의 무더위는 순식간에 사라진다.

계류 위에 서 있는 능파각(凌波閣)의 운치는 이미 널리 알려져 있다. 봄엔 푸르른 신록, 여름엔 붉은 배롱나무꽃, 가을엔 울긋불긋한 낙엽이 떠다니는 능파각을 통해 숲길로 접어들면 이내 일주문이 나오면서 태안사가 한눈에 들어온다. 지금의 태안사는 규모가 그리 크지 않지만 한때는 구산선문(九山禪門)

寶城江

승보사찰 송광사는 신라 말기에 혜린선사가 창건한 가람이다.

의 유서 깊은 사찰로서 화엄사를 거느리기도 했던 대가람이었다. 경내에
는 지름 20m쯤 되는 큰 연못 가운데에 부처님 사리를 모셨다는 석탑이
있다.

송광사로 가는 길목의 벚꽃길. 매년 4월 초가 되면 화사하게 피어난다.

 치열한 수행 정신과 청빈한 삶으로 수행자들의 귀감이 되었던 청화(淸華)스님이 태안사 조실로 머무셨다. 스님은 40여 년 간 한 번도 주지를 맡지 않고, 상무주암·백장암·사성암 등 20여 곳의 토굴을 옮겨다니며 수행한 선승이셨다. 하루에 한 끼 식사만을 하는 일종식(一種食)과 자리에 눕지 않는 장좌불와(長坐不臥)의 수행을 계속해 성불의 경지에 올랐다. 스님이 차를 달일 때 쓰시던 돌샘에서 맑은 샘물 한 모금을 들이킨 후 태안사를 벗어난다.

 18번 국도를 타고 보성강을 거슬러 오르면 물길은 호숫가를 따라 조계산(884m) 자락의 송광사로 이어진다. 송광사 입구 삼거리에서 송광사 사하촌에 이르는 길은 매년 4월 초순이면 화사한 벚꽃을 감상할 수 있는 곳이다. 벚나무 가로수길은 그다지 길지 않지만 논밭과 어우러진 소박한 풍경이 아주 좋다.

 송광사(松廣寺)는 신라 말기에 혜린선사가 길상사(吉祥寺)라는 이름으로 창건한 가람이다. 고려 명종 때 보조국사 지눌이 나라의 지원을 받아

중창한 후 수선사(修禪寺)라 고쳐 불렀고, 당시 여러 불교 사상을 재정리하여 한국 선불교의 새로운 전통을 확립한 후 지금의 송광사라는 이름으로 전해져오고 있다. 이후 보조국사를 1세로 해서 진각국사, 청진국사 등 16분의 국사가 송광사에서 배출되어 한국의 삼보(三寶)사찰 가운데 승보(僧寶)사찰의 명성을 얻으며 한국 불교의 중심 도량으로 자리 잡았다. 경내에는 이들 16국사의 진영(眞影)을 봉안한 국사전이 따로 있다.

송광사는 창건 후 여러 번의 화재를 겪었다. 20세기 중반에도 여순사건과 6·25전쟁을 겪으면서 많이 불탔으나 1980년대까지 건물들을 대부분 복구했다. 그래도 오랜 역사와 승보사찰이라는 명성에 걸맞게 귀한 유물과 유적들을 아주 많이 간직하고 있다. 목조삼존불감(국보 제42호), 고려고종제서(국보 제43호), 국사전(국보 제56호)의 국보 3점을 비롯해 대반열반경소, 금동요령, 묘법연화경, 약사전, 영산전 등 10여 점의 보물들이 있다. 이 밖에도 추사 김정희의 서첩(書帖), 영조의 어필(御筆), 흥선대원군의 난초 족자 등 셀 수 없이 많은 문화재가 사찰 박물관에 소장되어 있다.

특이하게도 여느 절집이라면 한두 점 있게 마련인 석탑이나 석등 같은 석조물이 송광사 경내엔 없다. 스님들은 송광사를 감싸고 있는 조계산에 불〔火〕의 기운이 흐르기 때문에 불의 형상인 석등을 세우지 않은 것이라 설명한다. 또 이 같은 이유로 일주문이나 송광사 경내의 목조건물들 계단에 불의 기운을 제압한다는 사자를 돌로 조각해서 배치했다는 것이다. 그중에서 일주문 돌계단에서 반가사유상처럼 한 발을 턱에 고이고 깊은 생각에 잠긴 자세로 앉아 있는 돌사자는 사시사철 한치의 흔들림 없이 삼매경에 빠져 있으니, 틀림없이 드높은 경지에 도달했을 것이다.

송광사를 나와 호수를 끼고 보성 방향으로 10분쯤 달리면 고인돌공원이 나온다. 주암호가 내려다보이는 언덕에 터를 잡은 이곳은 주암댐을 세우면서 발굴한 고인돌 등을 복원, 전시해 놓은 공간이다.

주암호 기슭에서 고인돌공원과 함께 살펴봐야 공간이 송재(松齋) 서재필(徐載弼·1864~1951년) 박사의 기념공원이다. 개화파로서 독립신문을 창간하고 3·1운동 때는 미국에 있으면서도 전 재산을 털어 독립운동자금으로 바치기도 한 서재필 박사는 문덕면 용암리 가천마을에서 지금은 호수로 변한 보성강 물줄기를 굽어보며 어린 시절을 보냈다.

고난의 시기를 우국충정으로 살다가 타의로 미국으로 갈 수밖에 없었던 서재필 박사. 그는 1951년 85세의 파란 많은 생을 마친 뒤 이국의 공동묘지 납골당에 쓸쓸히 안치되어 있다가, 1994년에야 고국으로 돌아와 편안히 잠들 수 있었다. 기념공원에선 그가 태어나 어린 시절을 보내던 외갓집인 생가, 그리고 똑같은 크기로 복원한 독립문 등이 눈길을 붙든다. 유물전시관에는 그의 흔적을 살펴볼 수 있는 유품 800여 점이 전시되어 있다.

보성강 물줄기는 주암호 상류서부터 강이라는 이름이 어울리지 않게 폭이 좁아지기 시작한다. 그래도 물빛은 어느 강보다 맑다. 호남정맥 너머의 득량만 간척지에 물을 대고 있는 보성강저수지를 지나면 어느덧 보성강의 최상류인 웅치면. 바로 '강산제'의 고장이다.

호남지방을 중심으로 발달한 판소리는 전승 계보에 따라 음악성에 차이가 생기게 되었는데, 이를 '제(制)'라고 한다. 판소리의 전승은 대부분 직계, 친인척 등 혈연을 중심으로 가문 내에서 이루어져 왔으나 신재

독립운동가인 서재필 박사를 기념하는 공원.

주암댐을 건설하면서 발굴한 고인돌 등을 복원해 놓은 고인돌공원.

효를 기점으로 해서 후대로 내려올수록 여러 창법을 넘나들며 다양한 스
승에게 장점을 배워 혼합 계승하게 되었다.

대체로 섬진강을 중심으로 동편에 위치한 구례·운봉·홍덕 지방의 굵
고 우람한 통성의 소리를 동편제(東便制), 섬진강의 남서쪽에 있는 보
성·장흥·나주 지방의 가늘고 애절한 세성의 소리를 서편제(西便制)라
고 한다. 이렇듯 애가 끊어지는 듯 서러운 서편제를 개척한 인물은 강산
(江山) 박유전(朴裕全·1835~1906년)이다. 그래서 국악인들은 보성을 서
편제의 메카라 하고, 박유전을 서편제의 비조(鼻祖)라 여기고 있다. 전하
는 말에 의하면 보성 제암산 기슭의 곰재장터에서 소리대회를 열면 보통
보름 동안은 계속될 정도였다고 한다.

박유전은 보성강 최상류의 웅치면 강산마을에서 득음하여 명성을 얻고
자신의 서편제 소리에 동편제를 접목하여 강산제(江山制)라고 하는 또

하나의 제를 완성했다. 이는 서편제의 너무 애절한 것을 지양하고 될 수 있으면 점잖은 가풍(歌風)을 조성하였고, 삼강오륜에 어긋나는 대목은 삭제하거나 수정한 것이다. 강산제의 대표적인 판소리는 '심청가'이다.

박유전은 슬하에 일점 혈육도 남기지 못한 채 71세를 일기로 세상을 떴는데, 그의 혼백은 3일 동안이나 밤마다 마을 뒷산에서 "내 소리 받아가라."고 외쳤다고 한다. 강산마을 솔숲에는 강산정(江山亭)과 함께 '박유전 예적비'가 세워져 있다. 체계가 정연하고 범위가 넓다는 평을 받는 강산제의 계보는 박유전 - 정재근 - 정응민 - 조상현으로 이어진다.

한편, 보성에서 빼놓을 수 없는 것이 차다. 보성은 우리 나라 최대의 차 생산지로 이름이 높은 고을로서 『동국여지승람』과 『세종실록지리지』 등에도 차나무가 자생하는 곳으로 기록되어 있을 정도로 역사도 깊다. 차나무가 자라기 좋은 토양에 큰 일교차, 적당한 습기 등 차 생산에 적당한 환경이기 때문이다. 일제시대인 1939년 일본의 차 전문가들이 보성을 우리 나라 최적의 홍차재배지로 선정해 인도산 차 종자를 수입하여 밭에 씨를 뿌리면서부터 대규모로 재배하기 시작했다. 그 후 1950년대 후반에 새로운 차 재배단지를 개간하고 1970~80년대에 재배 면적을 확대하면서 현재는 358ha에서 연간 200여 톤의 차가 생산되는 전국 최대의 다원이 형성되었다.

이렇게 광활한 보성의 차밭 중에서 눈맛을 만족시켜주는 최고의 공간은 대한다업의 차밭이다. 이 차밭은 각종 드라마와 광고 등의 배경지로 애용되면서 알려지기 시작했다. 18번 국도가 지나는 호남정맥 봇재 고갯마루 부근의 다향각(茶香閣) 조망도 빠지지 않는다. 정자에 오르면 보성만을 배경으로 널따랗게 펼쳐진 차밭의 층층 물결이 한눈에 들어온다.

GUIDE | 여행가이드

호남정맥상의 일림산(626.8m) 남서쪽에서 발원해 용추폭포를 타고 흘러내린 물줄기는 보성읍을 지나면서 화강이라 불리다가 보성강이란 이름표를 단다. 노동면 광곡리에서 광곡천을 받아들이고, 계속 북으로 흐르며 보성강저수지와 주암호에서 잠시 머무른 뒤 곡성을 지나면서 대황강이라 불리다가 압록에서 섬진강에 몸을 섞는다. 해안 가까운 곳에서 발원해 내륙으로 흐르는 보성강은 섬진강 지류임에도 섬진강에 못지 않은 위세를 지니고 있다. 길이 120km, 유역면적 1309.7km^2

추천 여행 코스
압록 — 태안사 — 주암호 — 송광사 — 고인돌공원 — 서재필기념관 — 보성 — 강산마을 — 제암산휴양림 — 보성차밭

찾아가는 길
승용차 호남고속도로 석곡나들목 — 석곡 — 18번 국도 — 태안사
호남고속도로 주암나들목 — 27번 국도 — 송광사
호남고속도로 동광주나들목 — 광주순환고속도로 — 29번 국도(화순 방향) — 화순 — 29번 국도 — 보성
대중교통 동서울종합터미널 →광주 : 수시로 운행(05:30~24:00), 4시간 소요
광주종합버스터미널 →곡성 : 매일 30분 간격으로 운행(06:15~20:30), 1시간 소요
광주종합버스터미널 →보성 : 매일 30분 간격으로 운행(06:10~20:40), 1시간 30분 소요
곡성→태안사 : 매일 7회 운행(06:20~19:10), 50분 소요
보성→대한다업(율포행) : 매일 30분 간격으로 운행(06:00~20:30), 15분 소요

숙식
하류의 압록유원지 부근에 숙식할 곳이 많이 있고, 죽곡면에도 숙식할 곳이 여럿 있다. 송광사 입구엔 길상식당(061-755-2173), 송광식당(061-755-2126) 등 산채정식이나 산채비빔밥을 맛볼 수 있는 식당과 여관, 민박집이 많이 있다. 주암호 주변엔 민물고기 매운탕을 먹을 수 있는 식당도 여럿 있다. 보성강 최상류의 제암산자연휴양림(061-852-4434)의 야영장이나 통나무집을 이용하면 더없이 좋다.

별미
보성강은 물이 깨끗해 다슬기가 많이 서식한다. 다슬기는 전라도에서는 대사리, 충청도에서는 올갱이, 경상도에서는 고딩이라 불리는 민물고동이다. 보성강에서 잡아 올린 대사리로 맛을 낸 국물은 보성강의 별미로 꼽힌다. 죽곡면 연화가든(061-362-5392)의 대사리 수제비가 잘 알려져 있다.

곡성군 홈페이지·전화 : www.gokseong.go.kr / 061-363-2011
보성군 홈페이지 : www.boseong.jeonnam.kr   문화관광과 : 061-853-4566
고인돌공원 홈페이지·전화 : www.dolmenpark.com / 061-755-8363

09 | 불영천

낙동정맥에서 발원해 동해로 흘러드는 울진의 불영천 풍광은 자못 빛나는 부분이 있다. 옥을 보는 듯한 물빛도 좋지만, 무엇보다 산양도 다니기 어려울 정도의 가파른 암벽에 꼿꼿이 뿌리박고 서 있는 금강송 군락은 열두 폭 병풍에 그려진 풍경화로서도 부족함이 없다.

금강송 드높은 꿈은 동해로 흐르고

울진

불영천

우리 나라에서 동해로 흐르는 하천은 많다. 연어가 올라오는 양양의 남대천, 신선들도 노닐고 갔다는 동해의 무릉계곡, 기암괴석이 뽐내는 울진의 불영천, 맑은 물을 자랑하는 삼척의 가곡천…. 백두대간이나 낙동정맥에서 발원하는 이 하천들은 대부분 나름대로 자랑할 만한 여러 장점을 지니고 있다. 그렇다 해도 낙동정맥에서 발원해 동해로 흘러드는 울진의 불영천 풍광은 자못 빛나는 부분이 있다. 옥을 보는 듯한 물빛도 좋지만, 무엇보다 산양도 다니기 어려울 정도의 가파른 암벽에 꼿꼿이 뿌리박고 서 있는 금강송 군락은 열두 폭 병풍에 그려진 풍경화로서도 부족함이 없다.

깊고 깊은 계류인 불영천 안쪽에 자리 잡은 불영사(佛影寺)는 비구니 도량답게 정갈한 분위기가 감돈다. 우람한 소나무와 굴참나무가 어우러진 들머리 숲길은 어느 계절에 지나도 좋다. 길을 얼마쯤 따르면 불영사의 수문장 역할을 했던 굴참나무가 반긴다. 의상대사가 심었다고 전하는 이 굴참나무는 20여 년 전에 1300여 년이란 세월의 무게를 이기지 못하고 쓰러졌다. 그러나 지나는 이들이 굴참나무 밑동에 하나둘 쌓은 돌들이 어느 새 언덕을 이뤘으니 죽어서도 본디 임무를 이어가고 있는 셈이다.

의상대사가 불영사를 창건한 것은 진덕여왕 때인 651년, 당나라로 유학을 떠나기 전인 20대 청년시절이다. 옛 기록에 따르면 의상이 경주를 떠나 동해를 따라 운수행각을 하던 중, 서역의 천축산과 같은 산이 있어 들어갔더니 마침 연못에 부처

佛影川

불영천은 기암괴석과 어울린 풍광으로 일찍이 명승으로 지정되었다.

님 형상이 비치어 이 곳에 절을 지었다고 전한다.

풍수로 풀어본 불영사는 한 떨기 연꽃이다. 천축산(653m)에서 흘러내린 암봉들이 꽃잎이라면 불영사 자리는 화심(花心)이다. 불영사 경내에 들어서면 수선화가 곱게 핀 연못이 눈길을 끈다. 의상이 불영사를 창건할 당시 부처 모양의 그림자가 비쳤다는 연못이다. 현재 불영사엔 대웅보전·응진전·극락전·관음전·명부전 등 10여 동의 건물이 연못 둘레로 앉아 있으니, 연못은 화심 속의 화심이 아닌가.

대부분 임진왜란 이후에 세워진 건물들이고 그 이전 건물로는 응진전(보물 제730호)이 유일하다. 연못 서쪽에 자리 잡은 응진전은 정면 3칸, 측면 2칸의 아담한 규모로 웅장하지도 화려하지도 않지만 벽체가 발그레한 팥죽색이라 눈길을 끈다. 조선 중기에 세워진 이 건물은 본래 영산전으로 쓰였다고 한다.

안쪽의 대웅보전 주변엔 여러 전각들이 처마를 맞대고 옹기종기 앉아 있다. 본전인 대웅보전(보물 제1201호)은 조선 후기에 지어진 것으로 정면 3칸, 측면 3칸 규모의 다포계 겹처마팔작지붕 건물로 짜임새 있는 외관에 각 부재의 조각솜씨가 뛰어나다는 평가를 받고 있다. 내부의 단청과 탱화는 18세기 영남지역 특유의 양식과 색상을 잘 보존하고 있어 건축사와 불화사 연구에 귀중한 자료가 된다. 특히 후불 탱화인 영산회상도(보물 제

풍수상 연꽃의 화심에 속하기 때문인지 정갈한 맛이 넘치는 불영사.

1272호)는 채색이 유려하고 묘사가 정밀하여 영
산회상도가 갖춰야 할 품격이 더욱 돋보인다.
게다가 이 탱화는 그림의 아랫부분 연화질(緣
化秩)에 제작연대, 제작자, 제작에 참여하였던
인물들을 소상하게 밝히고 있으므로 제작시기와
배경을 확실히 알 수 있어 18세기 초기의 조선 불화
를 연구하는데 중요한 자료가 된다.

세계적으로 명성이 높은 한국산
자수정을 생산하는 자수정 광산.

　눈길을 끄는 건 대웅보전 기단 아래에서 고개만 내밀고 있는 한 쌍의 돌
거북이다. 대웅보전을 사바의 고해를 건너가는 반야용선(般若龍船)으로
보고 바다 생물인 돌거북을 조성했다는 게 스님들의 말씀이다. 풍수에서
는 불영사 터에 가득한 화기(火氣)를 누르기 위해 동해 용왕의 화신인 거
북을 모셔둔 것이라고 한다. 또 다른 설명에 따르면 대웅보전의 앉음새가
바다와 같아 동해 용왕의 화신인 거북을 받쳐두지 않으면 물에 가라앉기
때문에 조성했다고도 한다. 돌거북의 등짐이 안쓰럽지만 이 덕분인지 임
진왜란 이후 불영사에 큰불이 없었다 하니 제 역할을 충실히 수행하고 있
는 셈이다.

　울진(蔚珍)은 '소나무 왕국' 이다. 해안가든, 강가든, 산 속이든 어디든
지 소나무가 울창하다. 한반도에 터잡은 고을 중에 소나무 없는 곳이 어
디 있을까. 하지만 울진의 소나무는 여느 고을의 소나무와는 격이 다르
다. 굽어 자라지 않고 하늘을 향해 쭉쭉 시원스레 뻗는다. 한마디로 기골
이 장대하다. 바로 우리 나라에서 자라는 소나무의 원형으로서 가장 혈통
이 좋다는 금강송(金剛松)이다.

　불영천의 최상류인 낙동정맥 기슭의 깊디깊은 산골인 소광리는 '소나

무 중의 소나무' 인 금강송이 군락으로 자라는 곳이다. 그래서 불영천 발원지인 낙동정맥 삿갓재(1119m) 기슭의 소광리 금강송 숲으로 가는 길은 가슴 벅찬 행복의 길이다.

도중에 자수정을 먼저 만난다. 금강송이 자라고 있는 소광리에 자리하고 있는 달우자수정광업소는 세계 최고의 품질로 인정받고 있는 한국산 자수정을 생산·보급하는 곳이다. 주요 생산 광물은 자수정 외에도 각섬옥·자황토·맥반석 등 총 15종이다. 광산 규모는 1160만 평. 특히 매년 여름 개최하고 있는 '자수정줍기 광산축제' 는 특별한 이벤트로 여름에 이곳을 찾은 도시민들에게 특별한 추억을 만들어주고 있다.

또 이 부근이 황장목으로 보호되었음을 증명하는 황장봉계표석(도문화재자료 제300호)도 볼 수 있다. 표석은 오른쪽에 5행 19자, 왼쪽에 1행 4자를 새겼는데, 이를 풀어보면 '황장목의 봉계지역은 생달현(生達峴)·안일왕산(安一王山)·대리(大理)·당성(當城)의 네 지역이며, 관리책임자는 명길(命吉)이다' 는 내용이다. 황장금표(黃腸禁標)는 원주시 구룡사 입구, 인제군 한계리, 영월군 황장골 등에서도 발견되었는데 이곳 황장봉계표석은 이들보다 훨씬 앞선 시기의 것이다.

금강송은 소광천 주변과 삿갓재, 그리고 백병산 기슭의 1800ha에 이르는 넓은 산지에 빼곡하게 자라고 있다. 평균 수령은 약 70~80년. 이 가운데 10여 그루는 500년이 훌쩍 넘었다. 조선 숙종 6년에 이 소나무 숲을 황장봉산이라 정하고 보호한 덕이다.

소광리 금강송은 키가 크고 곧으며, 위와 아래의 폭도 거의 일정하다. 하늘을 향해 시원스레 쭉쭉 뻗은 모습은 한마디로 기골이 장대하다. 또 껍질이 얇으면서도 나이테의 간격이 좁고 비교적 일정해서 비뚤어짐도

불영계곡의 도로준공 기념탑. 불영계곡은 길이 워낙 험해 국군 공병대가 확장과 포장 공사를 맡았다.

거의 없고, 몸통 속이 황금색을 띠고 있어서 매우 고급스럽기까지 하다. 평균 수명도 다른 소나무에 비해 10년 정도가 길어 평균 70년 이상이다. 이런 금강송 한 그루에선 웬만한 집 한 채는 거뜬히 지을 정도의 목재가 나온다 하니 토종의 힘이 참으로 놀랍다. 물론 경복궁의 새 건물들도 이곳에서 자란 금강송으로 지었다.

명성답게 부르는 명칭도 다양하다. 여느 소나무보다 껍질이 유별나게 붉어 적송(赤松)이요, 속이 누렇게 황금빛을 띤다 하여 조선시대엔 황장목(黃腸木)이라 했다. 20세기 중반엔 봉화군 춘양역에서 집하되어 온 소나무라 해서 수도권 상인들이 춘양목(春陽木)이라 불렀다.

한국 최고의 솔숲을 거닐다보면 여느 숲에서보다 훨씬 특별한 기운이 느껴진다. 온몸에 감겨드는 소나무 향은 무한경쟁의 시대를 살아가느라 자신도 모르는 사이에 건조해진 영혼을 순화시켜준다. 뿐만 아니다. 송뢰, 곧 '솔가지를 스치는 바람소리'는 청아하고 기품이 있다 하여 선조들은 바람소리 중 으뜸으로 꼽았으니, 금강송 바람소리만한 운치가 어디 있

수령이 500년에 이르는 금강송. 불영천 상류의 소광리는 우리 나라에서 최고의 품질을 자랑하는 토종 소나무인 금강송이 군락을 이룬 곳이다.

으랴. 또 솔숲을 거닐다가 목이 마르면 금강송 사이로 흐르는 개울물을 노루처럼 마시니 몸도 마음도 한없이 정갈해지는 곳이다. 더 이상 무엇을 바랄 것인가.

G UIDE | 여행가이드

울진 불영천의 발원지는 강원도 삼척과 경계를 이루는 낙동정맥의 삿갓봉(1119m)이다. 상류에서부터 심한 감입곡류를 이루면서 내려와 불영사를 한 바퀴 감싸고 돌아 하류로 내려가 왕피천과 합류한 뒤 동해로 흘러든다. 불영사 상하류의 15km 정도는 따로 불영계곡이라 하는데, 기암괴석이 즐비한 벼랑에 뿌리 박고 서 있는 금강송의 풍경은 멋진 수묵화다.

추천 여행 코스
울진 — 36번 국도 — 민물고기전시관 — 불영계곡 — 불영사 — 광천교(우회전) — 917번 지방도(비포장) — 4.6km — 자수정광업소 갈림길(우회전) — 2.2km — 황장봉계표석 — 6.5km — 금강송림

찾아가는 길
승용차 영동고속도로 — 동해고속도로 — 동해나들목 — 7번 국도 — 동해 — 삼척 — 울진 — 36번 국도 — 불영계곡
중앙고속도로 — 영주나들목 — 36번 국도 — 영주 — 봉화 — 불영계곡 — 울진
고속버스 동서울종합터미널 ➜ 울진(무정차) : 매일 6회 운행(08:15, 10:50, 12:00, 13:05, 16:35, 18:57), 5시간 30분 소요
동대구 ➜ 울진(무정차) : 매일 수시로 운행(04:30~22:25), 3시간 30분 소요
강릉 ➜ 울진(무정차) : 매일 수시로 운행(07:00~20:10), 2시간 소요
영주 ➜ 울진 : 매일 10회 운행(08:25~18:30), 2시간 소요
울진 ➜ 불영사 : 매일 6회 운행(07:40~15:45), 25분 소요

숙식
불영사 부근과 불영계곡 주변에 민박집이 있다. 금강송림으로 가는 길목의 소광천상회(054 - 783 - 9291), 창수상회(054 - 782 - 9939) 등 가겟집에서 민박도 같이 하지만 숙박시설이 그리 많지 않다. 통고산자연휴양림(054 - 782 - 9007)은 불영계곡의 지류인 심미골에 위치한다.

별미 울진 송이
금강송이 자라는 울진의 송이는 향이 매우 좋다. 주민들은 다른 지방의 송이에 비해 표피가 두껍고 단단하여 특유의 향이 진할 뿐만 아니라 신선도가 오랫동안 유지되어 맛이 변하지 않는 울진 송이가 송이 중에서 으뜸이라 자랑한다. 송이는 제철인 9~10월에 구입할 수 있다(문의전화 : 울진군 산림조합 054 - 783 - 2340).

울진국유림관리사무소 : 054 - 783 - 1009
달우자수정광업소 홈페이지 · 전화 : www.darlwoo.com / 054 - 782 - 4588
민물고기전시관 : 054 - 783 - 9413
울진군 홈페이지 : www.uljin.go.kr 문화관광과 : 054 - 785 - 6393

10 | 서강

고갯마루에서 오솔길을 잠시 걸어 들어가면 까마득한 낭떠러지와 '선돌'이라는 커다란 기암이 반긴다. 전설로 우뚝
솟은 선돌 너머로는 크게 호를 그리며 흘러가는 물줄기가 내려다보인다.

섶다리를 건너면 그리운 강마을이 있을까?

영월

서강

강원도 영월은 이웃의 평창, 정선과 함께 '영평정'
이라 해서 우리 나라의 3대 오지로 알려진 고을이다. 산 깊은
영월엔 두 개의 강이 있다. 하나는 영월의 동쪽을 적시고 흐르
는 동강이요, 다른 하나는 서쪽 산기슭 사이를 돌아 흐르는 서
강이다. 동강은 '수캉'이요, 서강은 '암캉'이다. 동강과 서강
의 물줄기가 두위봉 · 선달산 · 백덕산같이 1000m가 넘는 산
들 사이를 구절양장 흐르는 광경을 보고, 옛 사람들은 영월을
일컬어 "칼 같은 산들이 얽혀 있고, 비단결 같은 냇물은 맑고

바다로 둘러싸인 육지와 백두대간 산줄기까지 고스란히 닮은 선암마을의 한반도 지형.

잔잔하다."고 노래했다.

잘 알려진 동강과 마찬가지로 맑은 물과 기암괴석이 펼쳐진 서강은 생태계의 보고로서 각종 동식물이 서식한다. 강물엔 원앙·비오리·수달을 비롯해 어름치·쉬리·쏘가리들이 살고, 강기슭엔 금낭화·은방울꽃·가는구절초·산국·생강나무·원추리 등이 서식하며 그 꽃으론 호랑나비·사향제비나비·노랑나비·부전나비들이 날아든다.

태기산 남쪽 사면에서 흘러내린 물이 둔내와 안흥을 지나고 영월 땅으로 들어서면서 서만이강이 된다. 360도를 휘감아 도는 물줄기에 갇힌 땅은 섬 아닌 섬이 되는데, 이런 풍경이 몇 개가 겹쳐지면 강 안에 섬이 솟고, 섬 안에 강이 흐르게 된다. 그래서 강 이름이 '섬 안의 강' 이라는 뜻의 서만이강이 되었다. 참 정겨운 이름이다.

영월 사자산(1120m)에 법흥사(法興寺) 들머리의 무릉리는 바로 이웃의 도원리와 더불어 서만이강의 '무릉도원' 이라 알려진 곳이다. 고개를 들면 불법(佛法)을 적시고 흘러내려온 법흥천이 서만이강에 합류하며 산태극수태극을 이룬 물굽이에 커다란 암봉 하나가 눈길을 끈다.

선녀가 놀았다는 요선암(邀仙岩)이다. 아랫도리를 적시고 흐르는 물가엔 수백 개에 이르는 바위들이 갖가지 모양과 크기로 누워 있다. 바위 한쪽이 움푹 패여 절구와 같고, 용이 지나간 흔적처럼 구불구불 길게 패여 있다. 선녀가 내려와 놀았다는 전설을 간직할 정도로 빼어난 경관을 자랑하는 선녀탕이 있으니 조선의 4대 명필로 꼽히는 양사언

금방이라도 바위에서 빠져 나올 것만 같은 요선정의 마애불.

은 선녀탕 위쪽 바위에 '요선암'이란 글씨를 새겼다. 요선암은 무릉도원에서 선녀를 맞이하는 바위인 셈이다.

물굽이가 휘도는 요선암 꼭대기엔 요선정(邀仙亭)이 서 있다. 굽어 자란 노송 너머로 내려다보이는 서만이강의 풍광이 아주 일품이다. 그야말로 하늘나라의 선녀가 내려와 노닐 만한 정자다. 정자 한쪽의 둥근 바위에 제법 도드라지게 새겨진 돌부처는 요선정을 경영하는 주인 대접을 받고 있다. 돌부처는 이 지역의 대표적인 고려시대 마애불로 꼽히지만, 결가부좌한 발을 비롯한 하체가 상체보다 너무 커서 조화롭지 못하다는 평가를 받고 있다. 그래도 차가운 돌을 어루만지면 바위에서 빠져 나온 돌부처가 강물과 더불어 겪어온 천년 사연을 다정다감한 목소리로 들려줄 것만 같다.

요선정을 내려와 서만이강의 큰 지류인 법흥천을 거슬러 오르면, 화전민들이 모여 살았다는 새터마을 길가의 자그마한 돌이 눈길을 끈다. 원주 사자산 황장금표비(原州獅子山 黃腸禁標碑)다. 아담한 자연석에 새겨진 글씨는 오랜 세월 동안 비바람에 시달렸으나 아직도 글자만은 뚜렷이 알아볼 수 있다. 조선시대엔 궁궐 등의 건축재로 공급된 질 좋은 소나무인 황장목을 보호하기 위해 세계에서도 유래를 찾기 힘들 정도로 송목금벌(松木禁伐)정책을 시행했다. 이런 고급 소나무는 아무나 마구 베어다 쓸 수 없었고 황장금표비를 세워 나라에서 특별히 관리했다. '대동지지'에서는 사자산을 황장봉산이라 기록하고 있다.

황장금표비를 지나면 법흥사다. 오대산 상원사, 태백산 정암사, 영취산 통도사, 설악산 봉정암과 더불어 부처의 진신사리를 모신 5대 적멸보궁에 꼽히는 도량이다. 643년에 자장율사가 창건한 후 헌강왕 때 구산선문의 하나인 사자산문(獅子山門)을 열고 위세를 떨쳤건만 불에 타버린 다음 천년 가까이 작은 절로 명맥만 이어오다가 1902년 비구니 대원각이 중건하고 법흥사로 이름을 바꾸었다. 1912년 산불로 다시 소실된 뒤 17년의 중건불사를 마쳤으나 몇 년 후 이번엔 산사태로 심한 피해를 입었다. 그러다 1939년 적멸보궁만을 중수한 채 불법을 이어오다 최근에 다시 대대적인 불사를 했다.

극락전에서 적멸보궁으로 오르는 길은 참나무, 소나무, 전나무가 어우러진 숲길이다. 맑은 샘물로 갈증을 달랜 뒤 오솔길을 걸으면 이내 우람한 병풍바위가 호위하고 있는 적멸보궁이다. 이곳은 부처의 진신사리를 모신 곳답게 신비스런 분위기가 물씬 풍긴다. 법흥사 적멸보궁 안엔 불상이 없다. 그 대신 적멸보궁 뒤쪽 언덕에 자장율사가 기도한 토굴과 진신사리를 봉안했다는 부도, 그리고 당나라에서 사리를 넣어 사자 등에 싣고 왔다는 석분(石墳)이 있다. 그러나 부도는 상징일 뿐이다. 자장은 당나라에서 가져온 진신사리 중 몇 과를 저 뒷산 어딘가에 묻어 놓았다고 한다. 그래서 적멸보궁 뒷산 전체가 바로 신앙의 대상이 된다. 돌멩이 한 개, 풀한 포기, 나무 한 그루 등 온 산이 다 부처의 몸인 셈이다.

다시 서만이강으로 내려와 물길을 따라 흘러가다 산모퉁이를 한 굽이

단종이 영월로 유배왔을 때 머물던 청령포. 한쪽만 빼고는 모두 깊은 강물이 가로막고 있다.

돌아서면 '술이 샘솟는 샘'이 있던 주천(酒泉)이다. 여기서 강물은 명찰을 주천강으로 바꿔 단다.

주천은 섶다리의 고향이다. 섶다리는 풋나무나 물거리를 일컫는 섶나무를 엮어서 만든 다리다. 나무는 Y자형의 소나무를 일곱 자 간격으로 양쪽에 박고 싸리를 엮어 바자를 틀어서 올려놓는다. 그리고 바닥에 솔가지를 깔고 흙을 다져서 바닥을 만든다. 지네발을 닮은 섶다리는

주천강의 섶다리. 유난히 강이 많은 영월지역의 섶다리는 줄배라 불리는 나룻배와 더불어 강을 건널 수 있는 소중한 수단이었다.

추수가 끝난 늦가을에 놓았다가 이듬해 장마철 전까지 사용했다. 동강과 서강, 그리고 평창강 등 유난히 강이 많은 영월지역의 섶다리는 줄배라 불리는 나룻배와 더불어 강을 건널 수 있는 소중한 수단이었다.

주천면 신일리와 주천리 사이에는 쌍섶다리가 있다. 이것은 섶다리를 쌍으로 강에 질러놓은 것이다. 이곳의 섶다리가 쌍으로 놓인 내력은 300여 년 전으로 거슬러 올라간다. 영월에서 억울하게 목숨을 잃은 단종이 복권되자, 조정에서는 원주에 부임하는 강원관찰사에게 단종이 묻힌 장릉을 참배토록 하였다.

주천강을 사이에 둔 주천리와 신일리 백성들은 관찰사 일행이 주천강을 건너기 쉽게 하기 위해 섶다리를 놓았다. 그런데 당시에 관찰사가 타고 건너갔던 가마는 사인교(四人轎)라 외다리가 아닌 쌍다리를 놓아야 했다. 며칠 후 돌아가는 길에 관찰사 일행은 주천에 머무르며 섶다리를 놓느라고 수고한 백성들에게 곡식을 나눠주고 잔치를 베풀면서 민심을 다독였다.

결국 쌍다리 놓기는 단종을 기리는 의식이면서 마을 공동의 축제로 승화되었다. 주천지역에서 전승되고 있는 노동민요인 '쌍다리 노래'에는 이런 사연이 잘 녹아 있다. 다리 놓는 노동에 해학까지 곁들이니 웃음이 절로 난다.

"에헤라 쌍다리요 / 에헤라 쌍다리요 // (중략) // 장릉 알현 감사행차 / 무사하게 건너도록 / 튼튼하게 정성 들여 / 쌍다리를 놓아주세 // (중략) // 임에 다리 두 다리요 / 내 다리도 두 다리니 / 이 아니 쌍다린가 // (하략)"

쌍다리를 지난 주천강은 서면에서 평창강과 한몸을 이루면서 서강이 된다. 서강은 동강과 쌍벽을 이루는 생태박물관이다. 천연기념물인 수달과 비오리 · 원앙 · 황조롱이 · 물총새 · 물까마귀가 여기에 터를 잡고 있으며, 어름치 · 돌상어 · 금강모치 등 우리의 자생 물고기 19여 종이 서강 물살에서 노닌다.

서강의 출발점인 옹정리 선암마을은 한반도 지형을 감상할 수 있는 곳으로 유명하다. 선암마을 앞산에 올라 굽이도는 물줄기를 내려다보면 마치 한반도를 내려다보는 것만 같다. 호랑이 꼬리까지 고스란히 닮아 있다. 경이로운 자연의 조화 앞에서 통일의 염원을 빌어본다. 이곳엔 옹정리 주민들이 놓은 섶다리와 줄배도 있다.

88번 지방도를 타고 배일치를 넘은 뒤 59번 국도로 바꿔 타고 달리다보면 영월의 관문은 소나기재에 다다른다. 단종이 영월로 유배당하면서 이 고개를 넘을 때 갑자기 소나기가 쏟아졌다고 해서 붙은 이름이다. 고갯마루에서 오솔길을 잠시 걸어 들어가면 까마득한 낭떠러지와 '선돌'이라는 커다란 기암이 반긴다. 전설로 우뚝 솟은 선돌 너머로는 크게 호를 그리며 흘러가는 물줄기가 내려다보인다.

　소나기재를 내려서면 장릉(莊陵)이다. 숙부인 수양대군에게 왕위를 찬탈당하고 영월로 유배 왔다가 죽임을 당한 단종을 모신 묘이다. 뺨을 간질이는 한 줄기 바람과 발에 채는 돌멩이 하나에도 단종의 넋이 깃들어 있는 이 고을을 찾는 사람이라면 누구나 이곳에 들러 예를 갖춘다.

　단종이 영월로 내몰린 뒤 처음 머물렀던 서강의 청령포는 서쪽만 빼고는 모두 깊은 강물이 가로막고 있는 강변이다. 잠시 지나는 나그네는 아름다운 풍광에 마음을 빼앗기겠지만, 유배당한 단종에겐 너무도 고독하고 절망적인 유배지였을 것이다. 강변에서 배를 타고 건너면 울창한 솔숲

숙부인 수양대군에게 왕위를 찬탈 당하고 영월로 유배 왔다가 죽임을 당한 단종이 잠들어 있는 장릉.

을 스치는 봄바람 소리가 들리고 숲 속에는 단종을 유배할 때 세운 금표비(禁標碑)와 단종이 서낭당을 만들 듯이 쌓았다는 돌탑 등이 남아 있다. 솔숲에서 눈길을 끄는 나무는 천연기념물로 지정된 관음송(觀音松)이다. 단종의 유배생활을 지켜보았고, 단종이 오열하는 소리를 들었다 해서 붙은 이름이다.

G UIDE | 여행가이드

태기산(1261m)에서 발원한 주천강과 오대산(1563m) 남쪽에서 발원한 평창강은 영월군 서면에서 합류하는데, 이곳에서부터 영월 하송리를 거쳐 영월읍 남쪽에서 동강(東江)에 합류하는 지점까지를 서강(西江)이라 부른다. 이후 남한강이라는 이름을 얻어 단양, 충주를 거쳐 서해로 이어진다. 서강은 남한에서 몇 개 남지 않은 1급수 하천이다.

추천 여행 코스
서만이강계곡 - 요선정 - 황장금표 - 법흥사 - 주천 쌍섶다리 - 선암마을 한반도지형 - 소나기재 선돌 - 장릉 - 청령포

찾아가는 길
승용차 영동고속도로 신림나들목 - 88번 국가지원지방도(주천 방향) - 황둔 삼거리(좌회전) - 서만이강계곡
대중교통 동서울종합터미널 → 영월 : 매일 9회 운행(09:00~19:30), 2시간30분 소요
영월터미널(033 - 373 - 2373) → 서면 → 주천 : 매일 8회 운행(05:50~19:30)
영월 → 법흥 : 매일 4회 운행(05:50, 09:30, 13:40, 17:00)

숙식
요선암 부근의 무릉리에 콘도식 민박집인 무릉가족(033 - 372 - 6658)과 좋은생각(033 - 332 - 0019) 등이 있다. 법흥사로 들어가는 길에는 펜션과 민박집이 아주 많다. 산천어회와 송어회를 맛볼 수 있는 무릉 송어장(033 - 372 - 8388)을 비롯해 서만이강에서 잡은 민물고기로 매운탕을 끓여 내놓는 식당도 여럿 있다. 청령포 앞엔 민물고기 매운탕을 하는 청령포가든(033 - 373 - 5600) 등의 식당이 있다.

별미
영월 보리밥
장릉 앞에 있는 장릉 보리밥집(033 - 374 - 3986)의 꽁보리밥은 매운탕 외에 별다른 먹거리가 없는 영월의 별미로 꼽힌다. 농약을 치지 않고 가꾼 여러 가지의 나물을 보리밥에 넣고 쓱쓱 비벼 먹으면 옛 추억을 생생하게 맛볼 수 있다.

영월군 홈페이지 : www.yw.go.kr   문화관광과 : 033 - 370 - 2226
법흥사 : 033 - 374 - 9177

11 | 섬진강

"섬진강에 오면 누구나 시인이 된다." 평생 섬진강 물줄기에서만 살면서 시를 써온 김용택 시인의 섬진강 예찬이다. 사실이다. 봄볕 쏟아지는 푸르른 날엔 더욱 그렇다. 햇살 따뜻한 봄날, 해맑은 강 언덕을 뒤덮은 꽃물결에 파묻히면 누구라도 시인이 되지 않을 수 없을 것이다.

섬진강

"섬 진강에 오면 누구나 시인이 된다." 평생 섬진 강 물줄기에서만 살면서 시를 써온 김용택 시인의 섬진강 예 찬이다. 사실이다. 봄볕 쏟아지는 푸르른 날엔 더욱 그렇다. 햇살 따뜻한 봄날, 해맑은 강 언덕을 뒤덮은 꽃물결에 파묻히 면 누구라도 시인이 되지 않을 수 없을 것이다.

섬진강은 어디서 시작해 어디로 흐를까. 백두대간과 호남정 맥 사이를 유장히 흐르며 남도를 적시는 섬진강의 발원지는 금남 호남정맥의 전북 진안 팔공산(1151m) 자락. 진안 마령에 서 마이산(685m)의 물줄기를 받아 덩치를 키운 섬진강은 오 원천이라는 이름을 얻어 임실을 흐르다 운암으로 들어서면서 운암강이라는 이름표를 단다. 비로소 '강' 이라는 자격을 얻지 만, 섬진강댐에 가로막혀 흐름을 멈추고 잠시 숨을 고른다. 1965년 완공된 섬진강 다목적 댐의 물은 호남정맥 너머 서해 로 흘러드는 다른 젖줄 동진강으로 방류되어 계화도 간척지 관계용수로 쓰인다. 이곳에서 사람들은 베풀 줄 아는 섬진강 의 넉넉한 여유를 배운다.

막혔던 섬진강은 다시 가녀린 물줄기를 끌어 모아 순창군 적 성에서 적성강이라는 이름을 얻으면서 다시 강의 체면을 갖추 기 시작한다. 순창은 조선시대 진상품이던 자수(刺繡), 그리고 강에서 나는 은어와 민물게가 유명하다.

그러나 뭐니뭐니해도 역시 단백질이 많고 때깔이 고우며 알 싸한 맛을 지닌 고추장이 으뜸이다. 조선 태조도 반했다는 순 창 고추장 맛의 비결은 양질의 고추와 콩, 그리고 섬진강의 물

蟾津江

하동포구에서 재첩을 잡는 사람들. 이들은 '거랭이' 라 불리는 도구를 이용해 모랫바닥에 숨어 있는 재첩을 캐낸다.

맛도 빼놓을 수 없다.

　순창을 지난 섬진강은 곡성에서 판소리의 고장인 남원에서 흘러오는 요천을 받아들여 품을 한껏 넓힌다. 오곡면에서 압록유원지로 이어지는 17번 국도는 섬진강의 정겨운 풍광을 엿볼 수 있는 드라이브 코스로 이름이 높다.

　곡성군은 전라선 철도 개량공사로 폐선이 된 철로를 이용해 섬진강변을 달리는 미니 기차를 상품으로 개발했다. 2004년 봄에 처음으로 시험 운행한 후 곡성의 명물로 떠올라 인기가 아주 높은 미니 기차는 옛 곡성역 자리인 곡성철도공원에서 고달면 가정마을 간이역까지 약 9km 구간을 왕복 운행한다. 섬진강 맑은 물과 주변의 아름다운 풍광, 그리고 차창으로 달려드는 강바람은 도시의 찌든 때를 말끔히 씻어준다.

　또 2005년 봄에 처음 운행한 '증기기관 열차'는 승객 160명을 태우고 곡성의 섬진강 기차마을에서 가정역 구간을 하루 2회(주말 4회) 운행한다. 이 열차는 앞뒤에 기관차가 있고, 중간에 객차 3량이 위치해 있다. 객실의

곡성철도공원에서 철로 자전거를 타는 가족.

화개골에서 찻잎을 따는 주민들. 화개골은 우리 나라 삼국시대부터 차를 심었던 곳이다.

차창은 섬진강을 훤히 바라볼 수 있도록 꾸몄다. 미니 기차는 증기기관 열차가 운행되는 시간을 피해 운행한다.

　미니 기차가 지나는 가정마을 간이역은 곡성의 섬진강을 심도 있게 즐길 수 있는 최고의 장소이다. 자전거 대여소에서 자전거를 빌려 타고 섬진강변을 따라 하이킹을 해보는 것도 즐거운 추억으로 남는다. 자전거를 타다가 원두막이나 강변에서 쉴 수 있어 좋다. 또 이 구간은 강의 수심도 깊지 않아 아이들도 물놀이하기에 적당하며, 다슬기와 조개도 잡을 수 있고, 낚시하기에도 좋다.

　전라선 압록역 근처에서는 호남정맥의 깊숙한 곳을 적신 보성강을 받아들인 후 풍요의 땅 구례에 이른다. 예로부터 지리산과 너른 들판 그리고 섬진강 이 세 가지가 크고, 산과 강이 어우러진 자연경관과 넘치는 풍요 그리고 넉넉한 인심이 아름답다는 땅 구례. 곡성역에서 구례구역까지 섬진강을 따르는 전라선 강변 풍경도 결코 놓칠 수 없다.

이렇게 해서 구례를 지나게 되면 왼쪽 어깨엔 지리산, 오른쪽 어깨엔 백운산을 얹고, 오른쪽 가슴엔 섬진강을 끼고 달리게 된다. 전라도와 경상도 사람들은 섬진강을 넘나들며 장을 세웠으니 유명한 화개장터다. 화개장은 광복 전까지만 해도 우리 나라에서 다섯 손가락에 꼽힐 정도로 많은 사람이 모여드는 5일장이었다. 화개골 깊숙한 곳에 사는 화전민과 널찍한 논이 펼쳐진 구례의 농부, 그리고 섬진강 하구의 어부들이 모여드는 장은 산과 들판, 강과 바다의 산물이 하나로 만나는 공간이었다.

『등신불(等身佛)』로 잘 알려진 소설가 김동리(金東里 · 1913~1995년)도 일찍이 화개장에 관심을 가졌다. 광복 후 잠시 화개에 머문 적이 있는 김동리가 1948년에 발표한 『역마』는 화개장터를 배경으로 한 단편소설로서, 당시의 분위기가 잘 나타나 있다.

최근에 새로 조성된 화개장터에 주말마다 사람들의 발길이 이어지고 있지만, 작가가 묘사한 당시 소설 속 분위기를 좇아가기에는 아무래도 어렵다.

화개장터에서 쌍계사로 길을 잡고 화개천 십리 벚꽃길을 거슬러 오르면, 물비린내는 곧 사라지고 어느 새 진한 산내음이 밀려든다. 벚꽃길 끄트머리에 자리 잡은 쌍계사는 화개골의 정신을 천년 넘게 이어온 지리산의 큰 절이다. 절집 입구의 바윗돌에 새겨진 '雙磎(쌍계)', '石門(석문)'이라는 글씨는 최치원이 지팡이로 쓴 것이라 전한다.

대웅전 앞엔 진감선사 대공탑비가 남아 있다. 비문은 고운(孤雲) 최치원(崔致遠 · 857~?)의 사산비명(四山碑銘) 가운데 하나다. 최치원이 손수 짓고 쓴 것이라는 비문은, 신라의 선사상과 진감선사의 생애는 물론 최치원의 사상도 엿볼 수 있는 귀중한 작품이다. 비석의 깨진 자국은 임진왜란의 흔적이고, 표면의 총탄 자국은 6 · 25전쟁 당시 얻은 생채기다. 2500여 자에 이르는 최치원의 글씨는 단아한 구양순체의 진미를 보여주는 신필(神筆)로 평가받고 있다.

대웅전에서 청학루를 지나 언덕을 오르면 '육조스님탑'이 모셔진 금당(金堂)이다. 육조란 선가에서 석가모니만큼 존경하는 혜능대사를 말한다. 신라 성덕왕 때 대비와 삼법이라는 두 스님이 혜능대사에게 배워 법을 깨우치리라는 각오로 당나라에 건너갔으나 이미 대사가 입적한 뒤라서 할 수 없이 대사의 머리를 가져와 이 자리에 모셨다고 한다. '世界一花祖宗六葉(세계일화조종육엽)', '六祖頂相塔(육조정상탑)'이라는 현판은 추사 김정희의 글씨다.

쌍계사 대웅전 앞의 진감선사 대공탑비. 최치원이 짓고 쓴 비문은 신라의 선사상과 진감선사의 생애는 물론 최치원의 사상도 엿볼 수 있는 귀중한 작품이다.

다시 벚꽃길을 내려와 섬진강을 따라 내려간다. 화개와 하동 사이의 평사리 안쪽으론 제법 널찍한 땅이 펼쳐져 있다. 50여 만 평이나 되는 악양 들판, 일명 '무덤이들'이다. 박경리의 대하소설 『토지』의 배경이 된 최참판댁이 손짓한다. 고샅길 한쪽엔 어깨를 사이좋게 맞대고 있는 초가 풍경이 정겹다. 이 마을의 초가는 50여 채 정도 되는데, 대부분 SBS TV의 대하드라마 '토지'를 촬영하기 위해 만든 야외 세트이다.

마을에서 가장 으리으리한 최참판댁은 원래부터 평사리에 있던 집이 아니라 소설 속의 공간을 현실에 되살린 집이다. 꽤 공들여 지은 듯 유서 깊은 영남의 여느 고택처럼 아주 멋스럽다. 길상이 거주하던 행랑채, 최참판댁의 마지막 당주인 최치수의 신경질적인 기침소리가 들릴 듯한 사랑채, 최치수의 이부(異父) 동생인 김환과 야반도주한 별당아씨가 머물던 연못 딸린 별당 등엔 넉넉하지만 왠지 적막한 기운이 흐르던 소설 속 분위기가 아주 잘 표현되어 있다.

박경리 선생이 25년간 집필한 5부 16권의 『토지』는 4만 매의 원고지에 600만 자로 이룩한 우리 나라의 대표적인 대하소설이다. 봉건질서가 뿌리째 흔들리기 시작한 구한말에서 일제시대를 거쳐 해방에 이르기까지의 60여 년 간을 배경으로 소용돌이치는 나라의 운명 속에서 한 많은 한 여인의 애증을 그려낸 작품이다.

다시 섬진강을 따른다. '하동포구 80리'. 이는 광양만이 개발되기 전 김으로 유명했던 섬진강 하구의 갈사만에서부터 배가 들어오던 화개나루까

박경리의 대하소설인 『토지』의 배경이 되었던 하동 평사리 들판.

지의 32km를 말한다. 광양의 매화, 화개의 벚꽃, 구례의 산수유를 연결하는 이 도로는 우리 나라에서 가장 아름다운 길로 꼽힌다.

은어 · 황어 · 참게 · 재첩 등 바닷물과 민물이 힘을 합쳐 키워내는 것들 가운데 민물조개인 재첩은 섬진강의 미학에 특별한 생명력을 불어넣어 주는 힘이 있다. 맛도 맛이지만, 아낙들이 강물에 몸을 담그고 재첩을 잡는 광경은 가슴 벅찬 그 무엇인가가 있다. 아낙들은 '거랭이' 라 불리는 도구를 이용해 모랫바닥에 숨어 있는 재첩을 캐내는데, 이들이 물 속에 점점이 박혀 있는 광경은 인간과 자연이 빚어낸 한 폭의 그림이다.

재첩 잡기는 재첩의 알맹이가 실하게 들어서는 5~6월이 절정이다. 수심이 3~4m에 이르는 깊은 곳은 배를 타고 재첩을 긁어 올린다. 채취선 작업은 수온이 내려가는 한겨울에도 계속 된다. 재첩 잡는 광경을 구경하기에 가장 좋은 곳은 신기초등학교가 있는 신기리 주변이다.

우리 나라 최대의 매실 생산지인 광양시 다압면 매화마을의 청매실농원은 바로 섬진강이 한눈에 내려다보이는 언덕에 자리 잡고 있다. 이 농원은 매화나무를 전국에서 가장 먼저 대규모로 재배하기 시작한 곳으로서 일제시대인 1930년 김오천 선생이 심은 70여 년 생 수백 그루를 포함한 10만여 그루의 매화나무가 장관을 이룬다. 지금은 국가지정 매실명인인 홍쌍리 여사가 '매화의 언덕'을 지키고 있다. 17세에 섬진강변으로 시집 온 후 60세가 넘은 지금까지 매화사랑과 매실사랑으로 살아온 홍 여사가 매화에 파묻혀 일생을 보낸 이야기는 꽃만큼 아름답다.

매화는 한겨울에도 피어나지만, 모든 가지들이 꽃망울을 터뜨리는 건 3월 중순쯤이다. 농원 언덕에서 매화꽃 너머로 내려다보는 섬진강의 풍경은 꽃과 산과 강이 한데 어우러져 멋들어진 풍경화가 된다. 매실 식품을

만드는 데 쓰이는 2000여 기의 항아리도 맑은 강물과 어울려 고향의 봄을
노래한다.

아침 일찍 들르면 섬진강의 하얀 안개에 휘감긴 매화 언덕길을 천천히
음미하며 거닐 수 있어 좋다.

금남 호남정맥의 진안 팔공산(1151m) 자락에서 발원한 섬진강은 임실·순창·남원을 거쳐 곡성·구례를 적신 뒤 전남 광양과 경남 하동 사이를 지나 광양만으로 흘러드는 강이다. 길이 212km. 예로부터 모래가 곱기로 이름난 섬진강은 모래가람, 다사강(多沙江), 사천(沙川) 등으로 불렸다. 그러다 1385년 무렵 왜구가 강 하류에 침입했을 때 수십만 마리의 두꺼비 떼가 울부짖어 왜구를 쫓아내자 '두꺼비 섬(蟾)'자를 붙여 섬진강으로 불렀다고 전한다.

추천 여행 코스

옥정호 — 순창 — 곡성 — 압록유원지 — 구례 — 사성암 — 화개 — 쌍계사 — 고소성 — 평사리 — 하동 — 신기리 재첩채취현장 — 광양 매화마을 — 하동포구

찾아가는 길

승용차 대전·통영간 고속도로 — 함양분기점 — 88올림픽고속도로 — 남원나들목 — 19번 국도 — 구례 — 화개골 — 평사리 — 하동 — 섬진교 — 매화마을

남해고속도로 진월나들목 — 2번 국도 — 하동

호남고속도로 곡성나들목 — 60번 지방도 — 10km — 곡성역

대중교통 광주종합버스터미널 →곡성 : 매일 30분 간격으로 운행(06:15~20:30), 1시간 소요

서울 남부터미널(02 - 521 - 8550)→화개→하동 : 매일 6회 운행(09:10, 10:50, 13:30, 15:10, 16:30, 18:30), 5시간 소요

부산서부터미널 →하동 : 매일 1시간 간격으로 운행(07:00~19:00), 2시간 30분 소요

진주→하동 : 매일 20~30분 간격으로 운행(06:35~21:00), 1시간 소요

숙식

여름에는 곡성 압록유원지에 텐트를 칠 수 있고 압록유원지 주변엔 참게탕과 은어튀김을 차리는 새수궁가든(061 - 363 - 4633) 등 많은 식당이 있다. 하동 쌍계사로 가는 길엔 지리산의 다향을 한껏 맡으며 등을 기댈 수 있는 민박집, 그리고 지리산 기슭에서 채취한 나물이 나오는 산채비빔밥을 차리는 식당도 많다. 광양 매화마을 주변은 잠자리가 마땅치 않다.

별미

재첩국

바닷물과 민물이 만나는 곳에 사는 민물조개인 재첩은 국물맛이 매우 담백하면서도 시원하다. 뽀얗게 우러난 재첩 국물에 부추를 숭숭 썰어 넣고 한 차례 더 끓여 내면 과음했을 때 숙취 해소에 매우 좋다. 섬진강 신방나루터 앞의 신방재첩(055 - 882 - 3745)을 비롯해 동흥재첩식당(055 - 884 - 2257) 등의 음식맛이 좋다. 재첩백반 1인분에 5,000~6,000원, 재첩회 2~3인분에 20,000원

은어회

봄이 깊어 가면 남해의 은어 떼가 섬진강을 거슬러 올라온다. 특히 6월이 되면 은어는 통통하게 살이 붙고 수박향도 진해져 최상의 횟감이 된다. 그러나 자연산 은어는 그다지 많이 잡히지 않아 대부분의 식당에선 양식한 은어를 내놓는다. 쌍계사 입구의 코보네식당(055 - 883 - 5077)은 주인이 손수 은어를 잡는다.

곡성군 홈페이지·전화 : www.gokseong.go.kr / 061 - 363 - 2011
하동군 홈페이지·전화 : www.hadong.go.kr / 055 - 880 - 2114
청매실농원 홈페이지·전화 : www.maesil.co.kr / 061 - 772 - 4066

12 | 소양강

소양호 주변에서 제일 인기가 있는 곳으로 오봉산(779m) 줄기가 소양강으로 잦아드는 기슭에 자리한 청평사(淸平寺)를 꼽는다. 청평사로 오르는 길목에서 만나는 구성폭포는 비록 그 높이는 7m밖에 안 되지만 모습이 단아해 연인들에게 인기가 있다. 이 폭포엔 짝사랑에 관한 전설이 전한다.

호반에 떠다니는 애절한 사랑노래

춘천

소
양
강

해 저문 소양강에 황혼이 지면
외로운 갈대밭에 슬피 우는 두견새야.
열여덟 딸기 같은 어린 내 순정
너마저 몰라주면 나는 나는 어쩌나.
아아 그리워서 애만 태우는 소양강 처녀.

해 넘어가는 강변에서 떠나간 님을 기다리는 여심(女心)을
노래한 '소양강 처녀'는 나이와 계층에 상관 없이 많은 국민

昭陽江

북한강의 지류인 소양강은 1973년 소양댐이 완공되면서 거의 대부분이 잔잔한 호수로 변했다.

에게 사랑 받은 가요다. 노래의 배경인 소양강은 북한강의 지류로서 인제 합강나루에서부터 북한강에 합류하는 춘천까지의 물줄기를 일컫는다. 그러나 1973년 소양댐이 완공되면서 거의 대부분이 호수로 바뀌고 말았다. 따라서 소양호를 둘러보다 보면 자연스레 소양강 여행을 겸하게 된다.

소양호 주변에서 제일 인기가 있는 곳으로 오봉산(779m) 줄기가 소양 강으로 잦아드는 기슭에 자리한 청평사(淸平寺)를 꼽는다. 청평사로 오르는 길목에서 만나는 구성폭포는 비록 그 높이는 7m밖에 안 되지만 모습이 단아해 연인들에게 인기가 있다. 이 폭포엔 짝사랑에 관한 전설이 전한다.

아주 먼 옛날 중국의 당나라 때 평범한 백성인 한 총각이 공주를 짝사랑했다. 누가 봐도 이룰 수 없는 사랑이 아닌가. 결국 총각은 상사병으로 세상을 떠나고 말았다. 그러나 총각은 죽은 뒤에도 공주를 잊지 못하고 뱀이 되어 공주의 몸에 달라붙었다. 당나라 왕실에선 온갖 방법을 다 써보았지만 아무 소용이 없었다. 결국 한 도사의 말을 듣고 이곳 청평사를 찾게 되었다. 공주는 불공을 드리러 가면서 이 폭포에서 목욕재계하고 상사뱀을 떨쳐버리게 된다. 구성폭포 위쪽에 전망 좋은 바위 위에 서 있는 삼층석탑은 당시 공주가 세운 탑이라 하여 '공주탑' 이라고 불린다.

구성폭포에서 조금만 오르면 우리 나라에서 가장 오래된 고려정원(高麗庭園)의 흔적이 남아 있는 영지(影池)가 있다. 원형 그대로 보존되어 있는 전형적인 고려시대 연못이라는 것이 전문가의 진단이다. 고려 때 학자인 이자현이

소양호에서 낚시하는 사람들.

문수원을 경영할 때 자연경관을 최대한 살려 계곡에 수로를 만들고, 물길
을 끌어들여 정원 안에 연못을 만들어 오봉산이 비치게 했으며, 물레방아
도 만들어 돌렸다고 한다. 이 연못은 구성폭포로부터 오봉산 정상 부근의
식암(息庵) 부근까지 3km에 이르는 방대한 규모를 자랑한다.

문수원은 조선시대인 1550년 보우스님이 중창하면서 청평사(淸平寺)로 개칭한 후 지금에 이르고 있다. 하지만 극락전을 비롯한 많은 국보급 유적이 6·25전쟁 때 소실되었고, 현재는 회전문(廻轉門·보물 제164호)만이 옛 영화를 일러준다. 회전문은 빙글빙글 돌아가는 문이 아니다. 윤회의 전생을 깨우치기 위한 마음의 문이다. 부드러운 용마루 곡선과 불꽃 같은 오봉산 암봉과의 조화가 일품이다.

청평사를 벗어나 46번 국도를 타고 양구 쪽으로 조금만 달리면 추곡약수를 맛볼 수 있다. 200여 년 전에 산신령의 계시로 발견했다는 이 약수는 진한 사이다 맛이 나는 탄산수로 오래 복용하면 위장병, 빈혈, 신경통, 고혈압 등의 질환에 치료효과가 있다는 것이 주민들의 자랑이다.

추곡약수를 한 모금 들이키고 나서면 길은 호수를 끼고 이어진다. 가을빛으로 물들기 시작한 호수의 풍광이 제법 뛰어나지만 길이 심하게 굽이돌기 때문에 한눈을 팔면 위험하다. 가을 호수의 정취를 맛보며 구절양장

의 호숫길을 그렇게 달리다보면 어느덧 양구선착장이다. 여기서부터 길은 호수와 헤어져 양구 읍내로 향한다.

양구읍 공리마을 길가에 서 있는 기념비. 거기서 길손은 구한말 의병항쟁기에 춘천을 중심으로 강원 의병을 지도한 의암(毅庵) 류인석(柳麟錫·1842~1915년) 의병장을 만난다. 류인석 의병장은 을미의병, 정미의병 이후 국외로 항일의 자리를 옮긴 뒤에도 블라디

양구읍 공리마을 길가에 서 있는 항일의병 전적비.

보스토크에서 안중근·홍범도 등과
함께 활약하면서 국내외 통합의병
기구를 추진하기도 했고, 1910년 13
도의군이 조직된 후엔 도총재로 추
대되었던 독립운동가이다. 또 팔도
의병과 연합해 서울진공계획을 세
우기도 했던 의병장 류인석. 비록
그 작전은 성공하지 못했지만 선열
들의 그런 정신이 있었기에 오늘의
가을이 있는 게 아니겠는가. 묵념하
지 않을 수 없다.

   이후 길은 양구를 지나 남진하다
양구교를 건너 인제군으로 이어진

사이다처럼 톡 쏘는 맛이 있는 추곡약수.

가을빛으로 물들어 가는 소양호.

다. 남면 삼거리에서 좌회전해 왼쪽으로 호수를 끼고 4차선 확장 공사가 한창 진행중인 국도를 20여 분 달리면 인북천과 내린천이 만나는 합강나루. 바로 소양강의 시작이기도 하다. 전망 좋은 자리엔 합강정(合江亭)이 서 있다. 조선 숙종 때 세워졌다는 이 정자에서 길손은 한 시인을 만나게 된다. 바로 '목마와 숙녀', '세월이 가면' 같이 애절한 시를 남긴 박인환(朴寅煥 · 1926~1956년) 시인이다.

G UIDE | 여행가이드

북한강의 최대 지류인 소양강은 오대산(1563m) 부근에서 발원한 내린천이 인제읍에서 인북천과 합류하여 남으로 흐르다가 춘천시 남북방에서 북한강에 합류하는 물줄기이다. 1973년 소양강댐이 완공되면서 대부분 호수로 변하고 말았다.

추천 여행 코스
소양댐 - 청평사 - 46번 국도(양구 방면) - 추곡약수 - 양구 - 남면 삼거리(좌회전) - 44번(46번 공용) 국도 - 인제 합강정

찾아가는 길
서울 - 46번 국도 - 청평 - 가평 - 춘천(양구 방향) - 동면 - 소양강 - 천전리 사거리(우회전) - 4km - 소양댐 주차장
소양댐 ⟶ 청평사(배편) : 매일 30분 간격으로 운항(09:30~17:30). 청평사에서 소양댐으로 나오는 마지막 배는 17:10에 있다. 뱃삯은 왕복 4,000원

숙식
소양댐 아래에 숙식할 곳이 아주 많다. 청평사 입구에는 오봉산장(033 - 244 - 6606)과 청평산장(033 - 244 - 0580)이 있고, 추곡약수 지구에는 추곡산장(033-251-1520) 등 대여섯 군데의 민박집이 있다.

별미 춘천 막국수
소양댐 아래의 세월교 근처에 막국수를 하는 집이 많다. 그 중 샘밭막국수(033 - 242 - 1712)는 3대에 걸쳐 전통의 맛을 이어가는 막국수 전문집으로 유명하다.

춘천시 홈페이지 · 전화 : www.chuncheon.go.kr / 033 - 253 - 3700
소양호유람선 : 033 - 242 - 2455

조종천은 가평의 서남부를 적시고 흐르는 물줄기로 청계산(849m)과 명지산(1267m) 사이에서 발원해 북한강에 합류하기까지 39km를 흐른다. 이 맑은 시냇물엔 피라미 · 갈겨니 · 버들치 · 돌마자 등 30여 종이 넘는 물고기가 살고 있다.

가평

조종천

경기도 동북부에 자리한 가평(加平)은 산하의 생김새가 강원도의 그것에 뒤지지 않는 고을이다. 한강의 북쪽 울타리인 한북정맥(漢北正脈)과 가평천·조종천, 그리고 북한강이 어우러져 빚은 덕에 산도 높고 골도 깊다.

조종천은 가평의 서남부를 적시고 흐르는 물줄기로 청계산(849m)과 명지산(1267m) 사이에서 발원해 북한강에 합류하기까지 39km를 흐른다. 이 맑은 시냇물엔 피라미·갈겨니·버들치·돌마자 등 30여 종이 넘는 물고기가 살고 있다. 또 경기도 일원에서 가장 건강한 생태계 지역으로 꼽히는 상류 깊은 곳은 수도권에선 드물게 애반딧불이·파파리반딧불이 등 각종 반딧불이가 자생하는 지역이기도 하다. 따라서 여름밤이면 반딧불이의 화려한 군무를 감상할 수 있는 곳이다.

조종천 나들이는 경춘가도변의 청평에서 거슬러 올라가는 것이 일반적이다. 검문소 삼거리에서 좌회전해 37번 국도를 타면 곧 아이들이 좋아하는 가평사계절썰매장이 나오고, 이어 녹수계곡으로 들어가는 길이 나온다. 10리쯤 펼쳐진 물길 적당한 곳에 자리 잡고 물놀이를 즐기면 된다. 물가엔 여름철에만 문을 여는 간이 식당이 즐비하다. 식당 부근에 텐트 등을 칠 수 있으나, 밤엔 기습적으로 내리는 폭우를 조심해야 한다. 이 일대는 몇 해 전에 있었던 홍수 때 피서객들이 인명 피해까지 입었던 아픔이 있는 곳이다.

이 녹수계곡유원지에서 승용차로 20분쯤 가면 우리 나라 사설수목원 중 비교적 잘 가꿨다는 평을 듣는 아침고요수목원이 있다. 삼육대학교 원예학과의 한상경 교수가 1996년 축령산

朝宗川

청계산과 명지산 사이에서 발원해 북한강에 합류하는 조종천에는 피라미·갈겨니·버들치·돌마자 등 30여 종이 넘는 물고기가 살고 있다.

(880m) 기슭에 문을 연 이 수목원은 한국정원·분재정원·시가 있는 산책로·하경정원·야생화정원 등 특색 있는 테마별 정원으로 이루어져 있다. 수량이 적당한 아담한 계곡을 두 개나 끼고 있는 것이 큰 장점이다. 또 각 테마별 정원마다 정자를 세워 놓아 산책을 하다가 쉬어가도 좋다.

37번 국도로 다시 나와 3km쯤 달리면 대보유원지가 반긴다. 조종천에서 볼거리가 가장 많은 이곳엔 고려시대 청자와 쌍벽을 이루던 흑자를 빚고 연구하는 공방인 가평요(加平窯)가 자리 잡고 있다. 흑자에는 깊은 멋이 있는 검은 색, 흰색과 대비된 흑색, 그리고 그 안에 깃들어 있는 무지개 빛 등 여러 가지 자연의 빛이 들어 있다.

가평요는 맥이 끊긴 고려시대 흑자의 신비를 10여 년 간의 노력 끝에 재현해낸 김시영 씨가 흑자를 빚고 연구하는 공방이다. 연세대학교 금속학과 및 동 대학원 세라믹공학과에서 공부하고 국립공업연구소 도자기 시험연구원으로 일하던 그는 강원도 깊은 산중의 화전민터에서 흑자 조각을 만나면서 본격적으로 흑자 연구의 길로 들어섰다. 그는 1994년 신미술대전에서 특선을 차지했고, 서울 정도 600주년 기념 신기술창작 최우수

잘 가꾸어진 정원 같은 아침고요수목원

상에 오르는 등 각종 미술대전에서 입상하였다.

대보교를 건너 우회전하여 조종천의 물줄기를 따라서 500m쯤 내려가면 왼쪽 길가 언덕 위에 자리 잡고 있는 조종암(朝宗岩)이 보인다. 조종암은 조선시대의 숭명배청(崇明排淸) 사상이 담겨 있는 바위이다. 바위 표면에 병자호란 때 청나라로부터 당한 굴욕적인 수모를 되새기자는 의미에서

현등사로 가는 산길에는 녹음의 그늘이 드리워져 있다.

문자를 새기고 비석을 세우고 단을 만들어 제사를 지내면서부터 이름이 붙여졌다.

조선시대인 1684년(숙종 10년)에 가평 군수 이제두와 허격, 백해명 등은 임진왜란 때 명나라가 베푼 은혜와 청나라에게 받은 수모를 잊지 말자는

을사조약 파기를 외치며 순절한 조병세, 민영환, 최익현 세 분을 모신 삼충단.

뜻을 이 바위 위에 새겼다. 왼쪽 맨 위 바위에 명나라의 마지막 왕인 의종의 어필인 '思無邪(사무사)'를 본뜨고 그 밑으로 선조의 친필 '萬折必東再造藩邦(만절필동 재조번방)'과 효종이 송시열에게 내린 '日暮途遠 至痛在心(일모도원 지통재심)'을 송시열의 서체로 새겼으며, 이우가 임금을 뵈는 바위라는 뜻으로 '朝宗岩(조종암)'이라 각자했다. 1804년(순조 4년)에는 이러한 유래를 적은 비석을 자연 암반에 세웠다. 조종천이란 물줄기의 이름도 여기서 유래했다.

조종암 근처엔 몇 년 전에 문을 연 가평야생수목원이 있다. '꽃무지 풀무지'라는 애칭에서 알 수 있듯이 이곳은 순수 우리 나라 자생의 꽃과 나무만으로 수목원을 가꾸었다. 약 1만 5000평의 수목원엔 목본류 100여 종, 초본류 1100여 종이 있다. 국화원·모란원·버섯원·덩굴식물원·이끼양치식물원·약초원·향원·붓꽃원·잔디원·암석원·습지원·자생난원 등으로 꾸며진 자생 화단, 자연석을 조화 있게 배치하고 바위틈에서 잘 자라는 고산식물을 돌 사이에 심어 그 돌의 조형미와 식물을 관상하기 위하여 조성한 암석원 등으로 이루어져 있다. 이렇듯 역사와 문화, 자연을 아우를 수 있는 대보유원지는 조종천변에서 가장 알차게 여가를 보낼 수 있는 곳이라 해도 지나치지 않다.

일반적으로 조종천 나들이의 마무리는 상류의 운악산(雲岳山 · 936m)에 자리 잡은 현등사에서 하게 마련이다. 시설지구로 올라가는 길목의 삼충단(三忠壇)은 을사조약 파기를 외치며 순절한 조병세(趙秉世 · 1827~1905년), 민영환(閔泳煥 · 1861~1905년), 최익현(崔益鉉 · 1833~1906년) 세 분을 모신 제단이다.

묵념으로 나라의 소중함을 다시 한 번 떠올리고, 무더위를 한방에 날릴 수 있는 계곡길을 오른다. 사하촌의 시원한 잣막걸리를 한 잔 쭉 들이키고 현등사계곡을 걸으면 기분이 상쾌해진다. 햇살이 파고들 틈조차 없는 짙은 녹음이 드리워진 숲길이 좋다. 도중에 만나는 시원한 계류에 손을 담그고 땀 들이는 맛도 그만이다. 무우폭포 물길은 예와 다름없이 시원한데, 민영환이 시름에 잠겨 썼다는 바위의 글씨는 후손을 다시 긴장하게 만든다.

독경소리에 끌려 녹음의 굽잇길을 돌면 높다란 축대 위에 터를 잡은 현등사(懸燈寺)다. 오랜 세월 동안 가평을 지켜온 이 절집은 신라 법흥왕 때 불법의 진수를 전하기 위해 목숨 걸고 동방으로 찾아온 인도승 마라하미(摩羅訶彌)를 위해 왕이 지어 주었다. 그 후 폐허가 되었는데, 이번엔 신라 말에 도선국사가 이곳을 찾는다. 개경이 새 나라의 도읍이 될 것이라 예상하고 개경의 세 곳에 절집을 지었으나, 풍수상 동쪽의 기가 부족해 이를 보완할 곳을 찾다가 현등사를 중창한 것이다.

현등사는 인도의 고승 마라하미를 위해 신라 법흥왕이 지어준 절 집이다. 사진은 현등사 석탑.

그리고 다시 오랜 세월 동안 폐사가 되었던 이곳으로 들어온 이는 고려 때의 보조국사 지눌. 지눌은 산중턱에서 빛이 나오는 석등을 발견하고 다시 절을 지으면서 현등사라는 현판을 달았다. 현등(懸燈)은 '부처의 가르침을 드러낸다'는 뜻도 담고 있다. 현등사 석탑은 본래 오층석탑이었지만 이층의 몸돌과 지붕돌이 없어져 마치 '사층석탑'처럼 보인다. 이것으로 현등사가 결코 순탄치 않은 내력을 지니고 있음을 짐작할 수 있다.

조종천은 청계산과 명지산 사이에서 발원해 청평리에서 북한강에 합류하기까지 가평 서남부를 적시며 39km를 흐른다. 도중에 청계산 서쪽의 계정천, 연인산의 마일천, 주금산의 상동천, 축령산의 임초천 등의 지류를 받아들인다. 조종천은 남한 땅에서도 자연 생태계가 가장 건강한 지역으로 꼽힌다. 상류의 청계산 강씨봉, 명지산 일원의 산과 계곡은 생태계 보전지구로 지정되었다. 이곳은 애반딧불이, 파파리반딧불이 등 각종 반딧불이 자생하는 지역이다. 명지산과 청계산 일대는 신갈나무 · 당단풍 · 까치박달 · 초록사리 · 동자꽃 · 말나리 · 산수국 등 600여 종의 자생 식물군이 울창한 숲을 이루고 있다.

추천 여행 코스

조종천-37번 국도-아침고요수목원-가평요-조종암-가평야생수목원-하면-362번 지방도-삼충단-현등사

찾아가는 길

승용차 서울-46번 국도-구리-남양주-청평검문소 삼거리(좌회전)-37번 국도-조종천
서울 강남-올림픽대로-팔당대교-6번 국도-능내리(좌회전)-45번 국도-새터 삼거리-청평 검문소 삼거리

대중교통 동서울종합터미널 →청평(가평행) : 매일 수시로 운행(06:15~21:30), 1시간 20분 소요
수원 →청평(가평행) : 매일 13회 운행(06:00~19:40), 1시간 50분 소요
상봉터미널 →현리 : 매일 22회 운행(06:45~20:20)
상봉터미널 →현리 →현등사 입구 : 매일 4회 운행(08:00, 10:30, 12:45, 15:45)
청평터미널 →현리 : 시내버스가 수시로 운행

숙식

조종천 물가에 숙식을 할 수 있는 민박집이 많다. 여름엔 녹수계곡유원지, 대보유원지 등 대부분의 유원지에서 일정액의 입장료를 받는다. 운악산 현등사 입구에도 식당이 많이 있다. 메뉴는 잣막걸리부터 순두부백반, 도토리묵, 토종닭 요리 등 다양하게 있다.

별미

운악산 초입의 할머니 손두부집(www.halmeoni.com/031-585-1219)은 손두부 요리로 유명하다. 1970년대 가게를 운영하면서 등산객들에게 라면을 끓여주다 손두부를 전문으로 하게 되었다. 지금도 직접 밭에서 생산한 국산콩과 청정 자연 간수만을 사용한 전통재래 방식으로 손두부를 만든다. 손두부 5,000원, 도토리묵 6,000원, 순두부백반 5,000원

가평군 홈페이지 : www.ga21.net   문화관광과 : 031-580-2065
가평요 : 031-584-2542
아침고요수목원 홈페이지 · 전화 : www.morningcalm.co.kr / 031-584-6702~3
가평야생수목원 홈페이지 · 전화 : www.gapyeongwildgarden.co.kr / 031-585-4875

14 │ 증암천

무등산 북동 사면에서 발원해 무등산 동쪽을 적시고 흐르는 증암천(甑岩川) 주변엔 담양의 누정이 몰려 있다. 송강정·식영정·환벽당·소쇄원 같은 누정과 원림은 호남가단의 구심점으로서 '가사문학권'을 이루고, 이곳을 중심으로 조선시대 가사문학이 크게 발전하여 꽃을 피웠다.

담양

증암천

담양은 대나무 고을이다. 흔히 죽향(竹鄕)으로 불리는 담양은 우리 민족과 호흡을 같이 해온 죽세 공예품의 산실이다. 담양의 죽물 역사에 대해 옛 군지인 '추성지'엔 400여 년 전 전주에서 이사온 김씨 노부부가 참빗을 만든 것이 최초라 기록하고 있다. 이후 담양의 죽물시장은 전국 최대 규모의 죽물장터로 군림해왔다.

대나무와 함께 담양 사람들에게 친숙한 것은 전망 좋은 곳곳에 세워져 있는 누정(樓亭)이다. 특히 무등산 북동 사면에서 발원해 무등산 동쪽을 적시고 흐르는 증암천(甑岩川) 주변엔 담양의 누정이 몰려 있다. 송강정·식영정·환벽당·소쇄원 같은 누정과 원림은 호남가단의 구심점으로서 '가사문학권'을 이루고, 이곳을 중심으로 조선시대 가사문학이 크게 발전하여 꽃을 피웠다.

증암천이 영산강에 합류하는 부근의 고서면 원강리 소나무 언덕엔 송강정(松江亭)이 서 있다. 정자의 주인은 조선시대 때 손꼽히는 문장가로 대접받는 송강(松江) 정철(鄭澈·1536~1593년)이다. 서인에 속했던 정철은 1584년(선조 17년) 대사헌이 되었으나, 당쟁의 소용돌이 속에서 동인의 탄핵을 받아 이듬해인 1585년 대사헌직에서 물러나 이곳에 죽록정(竹綠亭)이란 초막을 짓고 4년간 은거했다. 증암천은 당시 죽록천이라고도 불렸기 때문에 유래한 정자 이름이다.

지금의 정자는 1770년에 후손들이 다시 세우면서 이름을 송강정으로 바꾸면서 비롯되었다. 정철은 이곳에 머물면서 증암

甑岩川

조선시대 때 손꼽히는 문장가로 대접받는 송강 정철이 은거했던 송강정

천 상류의 자미탄 곁에 세워진 식영정을 왕래하며 '사미인곡' 과 '속미인
곡', '성산별곡' 을 비롯하여 많은 시가를 지었다. 그의 정치역정은 파란
만장했고, 고비 때마다 그는 고향으로 돌아와 작품생활에 몰두했다. 저

가사문학의 모든 것을 살펴볼 수 있는 공간인 가사문학관.

유명한 '관동별곡' 첫 머리의 "강호에 병이 깊어 죽림에 누웠더니" 하고 죽림으로 표현했던 바로 그 고을이다.

송강정에서 증암천 물길을 20여 리 거슬러 식영정으로 발길을 재촉하면 길 좌우로 배롱나무의 붉은 꽃이 한창이다. 이 나무는 6월부터 9월까지 100일간 꽃이 피어 있어서 백일홍나무 또는 목백일홍이라 한다. 또 나무껍질을 손으로 긁으면 잎이 움직인다고 하여 '간즈름나무' 라고도 부른다. 또 다른 이름은 자미(紫薇)나무다. 예전에 식영정 앞의 증암천 여울 주변에 배롱나무가 많아 자미탄(紫薇灘)이라 부른 데서 착안해서 가로수로 가꾼 것이다.

가는 길에 만나는 고서면의 명옥헌(鳴玉軒)은 한여름엔 배롱나무꽃으로 뒤덮이는 원림이다. 정자 둘레엔 100여 년 수령의 배롱나무 수십 그루가 울창한데, 한창 만개할 때는 정자는 안 보이고 오로지 불그레한 꽃잎만 장관을 이룬다. 소쇄원과 더불어 아름다운 민간 정원으로 꼽히는 이곳은 오희도(吳希道·1583~1623년)가 자연을 벗삼아 살던 곳으로, 아들 오이정(吳以井·1619~1655년)이 헌(軒)을 짓고 이를 명옥헌이라 이름지었다. 산기슭의 시냇물을 이용하여 위쪽 연못을 만들고, 가운데에 섬이 있는 네모난 아래 연못을 파고 그 위에는 아래 연못을 바라볼 수 있도록 서북향의 정자를 세웠다. '명옥'은 정자 옆을 흐르는 한천의 물소리가 옥이 부서지는 소리 같다는 뜻이다.

이렇게 명옥헌에 들러 배롱나무의 붉은 꽃을 감상한 뒤라면 식영정 앞으로 펼쳐졌던 옛 자미탄의 여름을 어렵지 않게 상상할 수 있다. 식영정은 16세기 중반 서하당(棲霞堂) 김성원(金成遠)이 스승이자 장인인 석천 임억령(林億齡·1496~1568년)을 위해 지은 것이다. 김성원은 정철의 처외재당숙으로 정철보다 11년 연상이었으나, 정철이 이곳 성산에 와 있을 때 식영정 건너편에 있는 환벽당에서 같이 공부했다. 환벽당은 어린 시절 정철에게 지대한 영향을 끼쳤던 사촌(沙村) 김윤제(金允悌·1501~1572년)가 기거했던 곳이다.

식영정(息影亭)은 증암천의 정자들 가운데 전망이 제일 좋다. 늙은 배롱나무에서 번지는 꽃향기가 그윽한 마루에 앉으면 잔잔한 광주호 너머로 무등산(1187m)이 지척이다. 정자 둘레로 펼쳐진 솔숲도 빼어나니 비록 대숲이 멀다 해도 아쉬울 건 없다. 식영(息影)은 '장자(莊子)'의 우화에서 따온 것으로 '그림자를 쉬게 한다'거나 '그림자를 끊는다'는 뜻을 지니고 있다.

"옛날 어떤 사람이 자기 그림자를 두려워했다. 이 사람은 자신의 그림자에서 벗어나려 안간힘을 쓰며 달아났다. 그런데 그림자는 이 사람이 빨리 뛰면 빨리 쫓아오고 천천히 뛰면 천천히 따라붙었다. 그러다 이 사람이 급

한 김에 나무 그늘 아래로 달아났더니 그림자가 사라져버렸다.”

그림자는 욕망이다. 따라서 식영정은 욕망이란 이름의 그림자를 잠시 놓아두고 한숨 돌릴 수 있는 무욕의 공간인 것이다.

식영정에서 증암천 너머로 건너다 보이는 환벽당(環碧堂)엔 송시열이 쓴 현판이 남아 있다. 또 환벽당과 어깨를 나란히 하고 있는 언덕엔 취가정(醉歌亭)이 있다. 이것은 임진왜란 때 혁혁한 공을 세웠음에도 불구하고 억울한 누명을 쓰고 목숨을 잃은 김덕령 장군을 기리기 위해 그의 후손 김만식이 구한말에 지은 정자다.

무등산은 빼어난 산세만큼이나 우리 역사를 빛낸 숱한 명사들의 사취도 서려 있는데, 그 중 김덕령 장군은 임진왜란 때 용맹을 떨쳐 ‘무등산 호랑이’로 불렸다. 무등산 산줄기와 증암천 물줄기가 만나는 광주광역시 북구 충효동 성안마을에서 태어난 그는 무등산에서 뛰놀며 무예를 닦았다. 무등산 곳곳의 김덕령 장군이 삼을 심어 놓고 높이뛰기를 했다는 삼밭실, 말을 달린 백마능선, 몸소 칼을 만든 곳이라고 전하는 주검동(鑄劍洞) 등에는 수많은 전설이 서려 있다.

자연스러움을 강조한 소쇄원의 오곡문.

증암천을 경계로 담
양과 광주를 넘나들
면서 식영정과 환벽
당을 오가다보면 정
자보다 대숲이 먼저
반겨주는 소쇄원(瀟
灑園)이 손짓한다. 햇
살도 거를 정도의 울
창한 대숲을 지나면

식영정의 소나무 사이로 광주호가 보인다.

계곡의 바윗돌이 조화를 이룬 아담한 계류가 나온다. 계류가에 자리 잡은
정자의 풍경은 잘 그려진 한 폭의 산수화다.

소쇄원은 양산보가 지은 것이고, 호남가단을 이룬 수많은 시인묵객들이
오가며 수많은 시를 남겼지만, 소쇄원의 진정한 주인은 울창한 대숲과 굽
이굽이 돌아가며 떨어지는 와폭과 계류다. 사실 이런 조건을 지닌 풍광은
이 한반도에 아주 흔하다. 하지만 거기에 건물을 짓고 담장을 세우고 화
단을 꾸미면서 자연을 거스르지 않는 안목을 갖기란 결코 쉬운 일이 아니
다. 그래서 소쇄원을 일컬어 '자연과 인공의 절묘한 조화'라고 한 전문가
들의 찬탄은 적절하다. 거기에 시인묵객들이 다투어 빚어낸 문향(文香)
이 원림에 싱싱한 생명력을 불어넣으니 가히 이 나라 최고의 민간 정원이
라 해도 지나치지 않을 것이다.

상류에 있는 독수정도 볼 만하다. 고려 말 공민왕 때 병부상서를 역임하
였던 서은(瑞隱) 전신민(全新民)은 고려가 망하자 두문동 72현과 함께
두 나라를 섬기지 않을 것을 다짐하고는 담양에 은거하면서 정자를 지었

호남정맥의 무등산 동북 사면과 유둔재 등에서 발원한 증암천은 가사문학을 꽃피운 고을을 적시고 흐르며 영산강에 합류하는 물줄기다.

다. 독수정(獨守亭)이란 이름은 이백의 시에 나오는 "夷齊是何人 獨守西山餓(이제시하인 독수서산아)"에서 따온 것으로 "백이와 숙제는 어떤 사람인가? 서산에서 지조를 지키다 굶어 죽은 사람이지."라는 데서 따온 것으로 숨어 사는 자신의 절개를 나타낸 것이다.

전신민은 계류가 흐르는 남쪽 언덕 위에 정자를 짓고 후원에는 소나무를 심고 앞엔 대나무를 심어 수절했다. 독수정이 북향인 까닭은 아침마다 송도(松都)가 있는 북쪽을 향하여 곡배(哭拜)하기 위함이다. 조경적인 측면에서는 고려시대에 성행했던 산수 원림으로서의 기법을 담양 지방에 도입하는 데 선구적인 역할을 했던 것으로 보고 있다.

증암천에 대부분의 물을 보태는 무등산(無等山·1186.8m)은 호남정맥의 맹주다. 호남정맥 한가운데에 우뚝 솟은 무등산은 천년 만년을 그렇게 호남의 산과 강과 또 그 산하에 기대어 사는 호남 사람들을 지켜보았다. 특히 무등산과 평생을 함께 살아가는 광주 사람들에겐 호남정맥의 무등산은 광주요, 광주가 곧 호남정맥의 무등산인 것이다.

G UIDE | 여행가이드

담양의 증암천은 호남정맥의 분수령인 무등산 동북 사면과 유둔재 등에서 발원해 무등산 동쪽을 흐르며 봉산면 삼지리에서 영산강에 합류하는 물줄기다. 유둔재 분수령에서부터 독수정 원림, 소쇄원, 식영정, 환벽당, 명옥원 원림, 송강정 등 이름 높은 정자와 전통 원림들을 만나게 된다. 바로 이 물줄기를 중심으로 조선시대의 가사문학이 화려하게 꽃을 피웠다.

추천 여행 코스
담양 − 29번 국도(광주 방향) − 송강정 − 887번 지방도 − 명옥헌 − 식영정 − 가사문학관 − 환벽당 − 소쇄원 − 독수정 원림

찾아가는 길
승용차 88올림픽고속도로와 호남고속도로 분기점이 있어 접근이 수월한 편이다.
호남고속도로 − 동광주나들목 − 고서분기점 − 88올림픽고속도로 − 담양나들목 − 29번 국도(광주 방향) − 송강정 − 고서 − 887번 지방도 − 증암천
대중교통 동서울종합터미널→담양 : 매일 2회 운행(10:00(일반), 16:00(우등)), 3시간 50분 소요
서울 상봉터미널→광주 : 매일 2시간 간격으로 운행(06:00〜19:00), 4시간 소요
부산→광주 : 매일 수시로 운행(06:00〜24:00), 4시간 소요
광주(동신전문대 앞)→소쇄원 : 125번, 225번 시내버스가 수시로 운행, 30분 소요

숙식
가사문학관 주변에 민박을 하는 집이 몇 군데 있고, 소쇄원과 가까운 남면 연천리에 베스트장(061 − 383 − 0290)과 민박집이 있다.
대나무골테마공원(061 − 383 − 9291)에도 숙박시설과 야영장이 있다.

별미 죽순요리
담양의 별미는 죽순이다. 죽순을 뜨거운 물에 익혀내어 껍질을 벗긴 뒤 가늘게 쪼개 찬물에 담가놓고 여러 가지 음식을 만든다. 그 중에서 가장 대표적인 것이 바로 '죽순회'. 부드러운 죽순과 논에서 잡은 우렁이를 넣고 숭숭 썬 오이와 당근, 양파를 초고추장으로 맛있게 버무려 내놓는다. 담양 읍내의 민속식당(061 − 381 − 2515)의 죽순회가 유명하다.

한국가사문학관 : 061 − 380 − 3240
대나무골테마공원 홈페이지 · 전화 : www.bamboopark.co.kr / 061 − 383 − 9291
소쇄원 홈페이지 : www.soswaewon.org

15 │ 두물머리

두물머리의 풍광은 소박해서 특별히 눈을 자극하는 볼거리는 없지만 무엇보다 화해와 융화를 배울 수 있는 곳이다. 아이 손을 잡은 부모는 집안의 행복을 빌고, 연인들은 순탄한 사랑을 기원한다. 또 시인은 서로 질시하는 인간들을 꾸짖으며 거스르지 않는 물에서 화합을 배우라고 일갈한다.

미움도 사랑으로 몸을 섞는 강나루

한강

두물머리

한강 두물머리〔兩水里〕는 한반도 중심부를 적시고 흐르는 두 개의 소중한 물줄기가 몸을 섞는 곳이다. 한 물줄기는 강원도 북녘 땅 금강산(1638m) 기슭에서 시작해 휴전선을 넘어온 북한강이고, 다른 물줄기는 태백 금대봉(1418m) 자락의 검룡소(儉龍沼)에서 발원해 흘러온 남한강이다. 우리 조상들은 물이 차갑고 물살이 거세며 물빛이 푸른 북한강은 '숫물'이요, 물이 따뜻하고 물살이 순하며 물빛이 붉은 남한강은 '암물'이라 하여 두물머리의 조우를 음양의 조화로 설명했다.

두물머리엔 늙은 느티나무가 서 있다. 400년쯤 전부터 이곳에 뿌리박고, 남한강이나 북한강 물길을 따라 한양으로 오가던 이들에게 이정표가 되고 쉼터 역할을 하던 나무다. 마을 사람들은 이 느티나무를 '도당 할아버지'라 부르며, 매년 가을 제삿상을 차려놓고 마을의 안녕을 비는 당제를 지낸다. 도당 할아버지의 배필이었던 '도당 할머니'는 1974년 팔당호가 생길 때 수장되는 바람에 할아버지는 현재 홀몸이다. 아름드리 느티나무가 한 그루 서 있는 이곳의 풍광이 제법 운치가 있어서인지 신혼부부들의 야외촬영장이 되기도 하고, 영화나 드라마·CF 등의 촬영 장소로도 자주 이용될 만큼 사랑을 받고 있다.

두물머리의 풍광은 소박해서 특별히 눈을 자극하는 볼거리는 없지만 무엇보다 화해와 융화를 배울 수 있는 곳이다. 아이 손을 잡은 부모는 집안의 행복을 빌고, 연인들은 순탄한 사랑을 기원한다. 또 시인은 서로 질시하는 인간들을 꾸짖으며 거스르지 않는 물에서 화합을 배우라고 일갈한다.

兩水里

양평 두물머리의 늦가을 풍경.

　우리 시대의 입담 좋은 소설가로 꼽히는 이윤기는 소설집 『두물머리』에서 자아와 세계의 갈등이 아니라 두 존재의 행복한 만남을 고수다운 내공으로 그려내고 있다. 남한강과 북한강 그 합수점에 서면 미움, 증오 같은 나쁜 감정들은 강바람에 훌훌 날아가 버리고 사랑으로 융합하는 자연의 순리를 배울 수 있음을 간파한 것이리라.

　두물머리가 남한강과 북한강의 속삭임을 곁에서 들을 수 있는 곳이라면, 북한강 건너에 솟은 운길산(610m)의 수종사(水鍾寺)는 두물머리의 풍광을 한눈에 담을 수 있는 절집이다. 이름에서 알 수 있듯이 물과는 결코 뗄 수 없는 관계를 지니고 있다.

때는 조선시대인 1458년(세조 4년)으로 거슬러 올라간다. 악성 피부병으로 고생하던 세조는 금강산에서 요양하고 돌아가는 길에 양평 두물머리에서 하룻밤을 지내게 되었다. 한밤중에 이상한 종소리를 들은 세조는 이튿날 그 출처를 찾아보게 하였는데, 뜻밖에도 강 건너 운길산 바위굴 속의 물방울이 떨어지며 나는 소리였다. 굴 속엔 18나한상도 모셔져 있었다. 이에 세조는 이곳에 절을 짓고 왕실의 원찰로 삼았다. 당연히 굴 속의 석간수는 이 절집의 보배가 되었다.

그 후 물맛이 알려져 내로라 하는 차인(茶人)들의 발길이 잦았는데, 수종사에서 가까운 능내리 마현마을에 살던 다산 정약용(丁若鏞·1762~1836년)도 젊은 시절 이곳을 자주 찾았다. 또 조선 후기 차의 대가로서 해남 두륜산 일지암에 머물던 초의선사도 한양에 올 때면 수종사에 들러 정약용과 우정을 이어갔다. 절집에서 마련한 아담한 찻집인 삼정헌에서 차 한 잔 들며 커다란 유리창 밖으로 펼쳐지는 한강의 풍광을 바라보는 운치가 제법이다.

수종사에서 운길산 정상까지의 산행 코스는 왕복 1시간쯤 걸린다.

마현마을에 있는 정약용의 생가와 묘를 찾아보지 않을 수 없다. 200년의 세월을 훌쩍 뛰어넘은 정약용의 영정이 나그네를 반기는 다산기념관엔 『목민심서』, 『흠흠신서』, 『경세유표』 등 정약용의 실학사상이 담긴 저서와 정약용이 직접 그린 서화가 전시되어 있다. 수원 화성을 축조할 때 사용하였던 거중기 모형에선 당시의 건축기술 수준을 살필 수 있다. 또 정약용이 강진에서 유배생활을 할 때 머물던 다산초당, 천일각 등의 모형을 꾸며놓아 팔당호 호숫가에서 정약용의 강진 18년 유배생활도 더듬어 볼 수 있다.

다산의 생가인 여유당은 새로 복원한 탓에 고풍스런 맛을 느낄 순 없지만 오랜 유배생활에서 돌아온 정약용이 마음을 다잡고 여생을 학문에 몰두하던 분위기를 짐작하기란 그리 어렵지 않다. 정약용의 유년기 놀이터요, 말년의 휴식처였을 생가 뒷동산에 자리한 정약용의 묘는 실사구시를 표방했던 그의 학구열을 되새겨보며 한강 물줄기를 감상할 수 있는 곳이다.

남한강과 북한강이 만나는 두물머리는 역사적인 이야깃거리가 풍부해 들를 곳이 제법 많지만, 마현마을에서 호수 남쪽의 소내섬 너머로 보이는 광주시 분원마을도 놓칠 수 없는 곳이다. 지금은 수몰되어 섬으로 바뀐 소내섬은 옛날 동대문 밖에서는 가장 컸다는 우시장 자리였다. 우천이란 이름도 소〔牛〕가 모이는 내〔川〕에서 유래한 지명이다.

소내섬을 포함했던 분원마을은 백자를 굽던 도자기 마을로 이름이 높다. 조선시대 궁중에서 쓰는 그릇을 제작하고 공급하는 일을 관장하는 관청은 사옹원(司饔院)의 분원(分院)이었다. 1467년경부터 운영된 분원은 한양과

다산 정약용의 생가인 여유당

가까운 경기도 일원에 설치하였는데, 땔감이 풍부한 지역으로 매번 옮겨다녔다.

이 때문에 현재 광주시 곳곳에는 290여 기 이상의 가마터가 산재해 있다. 그러나 분원은 옮길 때마다 막대한 비용이 들뿐만 아니라 벌목으로 인해 삼림이 황폐해지는 심각한 문제도 발생시켰다. 이에 조정에서는 1752년(영조 28년) 현재의 남종면 분원리에 분원을 정착시켰다. 남한강이나 북한강의 물길을 통해 강원도와 충청도로부터 땔나무와 질 좋은 백토를 조달 받아 작업할 수 있었고, 한강 물줄기를 따라 하루면 한양까지 도달할 수 있을 정도로 뱃길도 편했기 때문이다. 이후 1884년의 민영화를 거쳐 1920년 가마가 폐쇄될 때까지 168년간 이곳 분원에서는 조선에서 내로라 하는 도공들이 순백자 · 청화백자 · 철화백자 · 동화백자 등 명품 백자를 구워냈다.

다산 정약용 묘소는 유배지인 강진에서 돌아온 정약용이 즐겨 찾았을 것 같은 생가 뒷동산에 자리 잡고 있다.

　분원리 청화백자는 크기도 전례 없이 크고 당당한 자태를 뽐내게 되었
다. 이곳의 제작경향은 전국의 백자 제조법에 영향을 주었고, 조선 후기
에 이르러서는 백자가 더욱 다채롭게 발달하는 데 큰 역할을 하였다. 여
러 기법으로 화려하게 장식하거나 기묘한 형태로 만든 고급 백자들이 유
행하였는데, 사치 풍조를 염려한 조정에선 청화백자 같은 고급 도자기의
제작을 금지하기도 했다. 분원의 백자는 푸른빛이 감도는 게 특징이다.

　지난 1996년 미국의 뉴욕 크리스티 경매장에서 도자기 경매사상 최고
가인 842만 달러에 팔린 '철화백자운용문호' 제작 현장이 이곳 분원마을
로 알려지면서 유명세를 탔다. 또 매주 일요일 모 텔레비전 방송국의 프
로그램에서 가끔 분원마을의 백자가 등장해 수천 만 원씩 호가하면서 일
반인에게도 많이 알려졌다. 지난 2003년 폐교된 분원초등학교를 보수하
여 문을 연 분원백자관은 당시 분원의 도공들이 빚어낸 도자 예술의 혼과

자취를 만날 수 있는 소중한 공간이다. 분원마을은 요즘도 웬만한 집에선 마당만 파도 도자기 파편들이 쏟아질 정도라는 게 주민의 귀띔이다.

GUIDE | 여행가이드

금강산에서 흘러내린 북한강과 강원도 태백의 금대봉 검룡소에서 발원한 남한강의 두 물줄기가 합쳐지는 나루터로서 우리말로는 두물머리, 한자 지명은 양수리(兩水里)다. 강줄기가 주요 교통로로 이용되던 시절, 남한강과 북한강 두 강물이 만나는 이곳은 서울의 마포나루를 이어주던 마지막 기점이었던 덕에 매우 번창하였다. 육상 교통이 활발해지면서 나루터의 기능은 사라졌고, 1974년 팔당댐이 세워지면서 역사의 뒤안길로 사라졌다.

추천 여행 코스
두물머리 — 수종사 — 마현 정약용 생가 — 팔당댐 — 45번 국도 — 337번 지방도 — 분원마을

찾아가는 길
서울 — 6번 국도(양평 방향) — 팔당터널 — 두물머리.
중부고속도로 광주나들목 — 45번 국도 — 팔당댐 — 6번 국도 — 두물머리

숙식
두물머리로 가는 길목의 팔당호 주변엔 운치 있는 비행기, 배, 피라미드, 기차 등으로 특색 있게 꾸민 카페와 식당 등이 즐비하다. 다산 정약용의 생가가 있는 마현마을엔 민물고기 매운탕을 내놓는 식당이 많다. 두물머리 입구인 양서면 양수리 장터(1, 6일장) 부근에도 식당들이 많이 몰려 있다.

별미
분원마을 붕어찜
조선시대에 백자를 굽던 분원마을은 20세기 후반에 붕어찜 마을로 변했다. 팔당호가 생기면서 붕어찜을 전문으로 하는 집이 하나둘 들어서기 시작해 지금은 30여 곳이 성업중이다. 팔당호에서 잡은 참붕어에 대추, 인삼 등을 넣고 조려내 비린내를 없애고 쫄깃쫄깃한 맛을 잘 살렸다.

다산연구소 홈페이지 : www.edasan.org
양평군 홈페이지 : www.yp21.net   문화공보과 : 031 - 770 - 2471
남양주 홈페이지 : www.nyj.go.kr   문화관광과 : 031 - 590 - 2474
광주시 홈페이지 : www.gj21.net   문화공보과 : 031 - 760 - 2722
분원백자관 홈페이지 · 전화 : www.bunwon.or.kr / 031 - 766 - 8465

가림출판사 · 가림M&B · 가림Let's에서 나온 책들

문 학

바늘구멍 켄 폴리트 지음 / 홍영의 옮김 / 신국판 / 342쪽 / 5,300원

레베카의 열쇠 켄 폴리트 지음 / 손연숙 옮김 / 신국판 / 492쪽 / 6,800원

암병선 니시무라 쥬코 지음 / 홍영의 옮김 / 신국판 / 300쪽 / 4,800원

첫키스의 애기 말해도 될까
김정미 외 7명 지음 / 신국판 / 228쪽 / 4,000원

사미인곡 上·中·下 김충호 지음 / 신국판 / 각 권 5,000원

이내의 끝자리 박수완 스님 지음 / 국판변형 / 132쪽 / 3,000원

너는 왜 나에게 다가서야 했는지
김충호 지음 / 국판변형 / 124쪽 / 3,000원

세계의 명언 편집부 엮음 / 신국판 / 322쪽 / 5,000원

여자가 알아야 할 101가지 지혜
제인 아서 엮음 / 지창국 옮김 / 4×6판 / 132쪽 / 5,000원

현명한 사람이 읽는 지혜로운 이야기
이정민 엮음 / 신국판 / 236쪽 / 6,500원

성공적인 표정이 당신을 바꾼다
마쓰오 도오루 지음 / 홍영의 옮김 / 신국판 / 240쪽 / 7,500원

태양의 법
오오카와 류우호오 지음 / 민병수 옮김 / 신국판 / 246쪽 / 8,500원

영원의 법
오오카와 류우호오 지음 / 민병수 옮김 / 신국판 / 240쪽 / 8,000원

석가의 본심
오오카와 류우호오 지음 / 민병수 옮김 / 신국판 / 246쪽 / 10,000원

옛 사람들의 재치와 웃음
강형중 · 김경익 편저 / 신국판 / 316쪽 / 8,000원

지혜의 쉼터
쇼펜하우어 지음 / 김충호 엮음 / 4×6판 양장본 / 160쪽 / 4,300원

헤세가 너에게
헤르만 헤세 지음 / 홍영의 엮음 / 4×6판 양장본 / 144쪽 / 4,500원

사랑보다 소중한 삶의 의미
크리슈나무르티 지음 / 최윤영 엮음 / 신국판 / 180쪽 / 4,000원

장자-어찌하여 알 속에 털이 있다 하는가
홍영의 엮음 / 4×6판 / 180쪽 / 4,000원

논어-배우고 때로 익히면 즐겁지 아니한가
신도희 엮음 / 4×6판 / 180쪽 / 4,000원

맹자-가까이 있는데 어찌 면 데서 구하려 하는가
홍영의 엮음 / 4×6판 / 180쪽 / 4,000원

아름다운 세상을 만드는 **사랑의 메시지 365**
DuMont monte Verlag 엮음 / 정성호 옮김
4×6판 변형 양장본 / 240쪽 / 8,000원

황금의 법
오오카와 류우호오 지음 / 민병수 옮김 / 신국판 / 320쪽 / 12,000원

왜 여자는 바람을 피우는가?

기젤라 룬테 지음 / 김현성 · 진정미 옮김 / 국판 / 200쪽 / 7,000원

세상에서 가장 아름다운 선물 김인자 지음
엄마가 두 딸에게 주는 인생의 지침서. 같은 여성으로서의 엄마, 친구로서의 엄마, 삶의 등대로서의 엄마가 딸들에게 바라는 점, 두 딸을 키우면서 세운 교육관 등이 솔직하게 담겨 있다. 또한 딸들과 주고받은 편지, 메모는 서로 교감하는 부모와 자녀의 사이를 말해주는 일종의 답안으로 제시되고 있다. 국판변형 / 292쪽 / 9,000원

건 강

식초건강요법 건강식품연구회 엮음 / 신재용(해성한의원 원장) 감수
가장 쉽게 구할 수 있고 경제적인 식품이면서 상상할 수 없을 정도로 뛰어난 약효를 지닌 식초의 모든 것을 담은 건강지침서!
신국판 / 224쪽 / 6,000원

아름다운 피부미용법 이순희(한독피부미용학원 원장) 지음
피부조직에 대한 기초 이론과 우리 몸의 생리를 알려줌으로써 아름다운 피부, 젊은 피부를 오래 유지할 수 있는 비결 제시! 신국판 / 296쪽 / 6,000원

버섯건강요법 김병각 외 6명 지음
종양 억제율 100%에 가까운 96.7%를 나타내는 기적의 약용버섯 등 신비의 버섯을 통하여 암을 치료하고 비만, 당뇨, 고혈압, 동맥경화 등 각종 성인병 예방을 위한 생활 건강 지침서! 신국판 / 286쪽 / 8,000원

성인병과 암을 정복하는 유기게르마늄 이상현 편저 / 캬오 샤오 이 감수
최근 들어 각광을 받고 있는 새로운 치료제인 유기게르마늄을 통한 성인병, 각종 암의 치료에 대해 상세히 소개. 신국판 / 312쪽 / 9,000원

난치성 피부병 생약효소연구원 지음
현대의학으로도 치유불가능했던 난치성 피부병인 건선 · 아토피(태열)의 완치요법이 수록된 건강 지침서. 신국판 / 232쪽 / 7,500원

新 방약합편 정도명 편역
자신의 병을 알고 증세에 맞춰 스스로 처방을 할 수 있고 조제할 수 있는 보약 506가지 수록. 신국판 / 416쪽 / 15,000원

자연치료의학 오홍근(신경정신과 의학박사 · 자연의학박사) 지음
대한민국 최초의 자연의학박사가 밝힌 신비의 자연치료의학으로 자연산물을 이용하여 부작용 없이 치료하는 건강 생활 비법 공개!!
신국판 / 472쪽 / 15,000원

약초의 활용과 가정한방 이인성 지음
주변의 흔한 식물과 약초를 활용하여 각종 질병을 간편하게 예방 · 치료할 수 있는 비법제시. 신국판 / 384쪽 / 8,500원

역전의학 이시하라 유미 지음 / 유태종 감수
일반상식으로 알고 있는 건강상식에 대해 전혀 새로운 관점에서 비판하고 아울러 새로운 방법들을 제시한 건강 혁명 서적!! 신국판 / 286쪽 / 8,500원

이순희의 순수피부미용법 이순희(한독피부미용학원 원장) 지음
자신의 피부에 맞는 관리법으로 스스로 피부관리를 할 수 있는 방법을 제시하고 책 속 부록으로 천연팩 재료 사전과 피부 타입별 팩 고르기.
신국판 / 304쪽 / 7,000원

21세기 당뇨병 예방과 치료법 이현철(연세대 의대 내과 교수) 지음
세계 최초 유전자 치료법을 개발한 저자가 당뇨병과 대항하여 가장 확실하게 이길 수 있는 당뇨병에 대한 올바른 이론과 발병시 대처 방법을 상세히 수록! 신국판 / 360쪽 / 9,500원

에게 희망을 안겨 줄 것이다.   대국전판 / 248쪽 / 9,800원

마음한글, 느낌한글 박완식 지음
훈민정음의 창제원리를 이용한 한글명상, 한글요가, 한글체조로 지금까지의 요가나 명상과는 차원이 다른 더욱 더 효과적인 수련으로 이제 당신 앞에 새로운 세계가 펼쳐진다.   4×6배판 / 300쪽 / 15,000원

웰빙 동의보감식 발마사지 10분 최미희 지음, 신재용 감수
발이 병나면 몸에도 병이 생긴다. 우리 몸 중에서 가장 천대받으면서도 가장 많은 일을 하는 발을 새롭게 인식하는 추세에 맞추어 발을 가꾸어 건강을 지키는 방법 제시. 각 질병별 발마사지 방법, 부위를 구체적으로 설명하고 있다. 텔레비전을 보면서 하는 15분의 발마사지가 피로를 풀어주고 건강을 지켜줄 것이다.   4×6배판 변형 / 204쪽 / 13,000원

아름다운 몸, 건강한 몸을 위한 목욕 건강 30분 임하성 지음
우리가 흔히 대수롭지 않게 여기고 하는 습관 중에 하나가 목욕일 것이다. 그러나 이제 목욕도 건강과 관련시켜 올바른 방법으로 해야 한다. 웰빙 시대, 웰빙 라이프에 맞는 올바른 목욕법을 피부 관리 및 우리들의 생활 패턴에 맞추어 제시해 본다.   대국전판 / 176쪽 / 9,500원

내가 만드는 한방생주스 60 김영섭 지음
일반적인 과일 · 야채 주스에 21가지 한약재로 기본 료료를 만들어 맛과 영양을 고루 갖춘 최초의 웰빙 한방 건강음료 만드는 법 60가지 수록!! 각 음료마다 만드는 법과 효능을 실어 우리 가족 건강을 지키는 건강지침서의 역할을 한다.   국판 / 112쪽 / 7,000원

몸을 살리는 건강식품 백은희 · 조창호 · 최양진 지음
스트레스에 시달리는 현대인들에게 자연 영양소를 공급해 주는 건강기능식품에 관한 상세한 정보를 담고 있다. 나에게 필요한 영양소는 어떤 것이 있으며, 어떻게 섭취했을 때 가장 큰 효과를 얻을 수 있는 지 등을 조목조목 설명해 놓은 것이 눈에 띈다.   신국판 / 384쪽 / 11,000원

건강도 키우고 성적도 올리는 자녀 건강 김진돈 지음
자녀를 둔 부모라면 가장 먼저 생각하는 것이 자녀의 건강일 것이다. 특히 수험생을 둔 부모라면 그 관심은 말로 단정지을 수 없다. 수험생 자신이나 부모가 알아야 할 평소간 건강 관리법, 제일 이겨내기 힘든 계절인 여름철 건강 관리법, 조심해야 할 질병들에 대해 예방법, 치료법을 상세하게 소개하고 있다.   신국판 / 304쪽 / 12,000원

알기 쉬운 간질환 119 이관식 지음
간염이 있는 사람이 술잔을 돌릴 경우 간염이 전염될까? 우리는 간이 소중한 존재임을 알면서도 혹사시키는 일이 많다. 간염 전염 및 간경화, 간암 등에 대한 잘못된 지식을 제대로 잡아주고 간과 관련된 병을 예방하는 법, 병에 걸렸을 때 치료하고 관리하는 법 등을 상세히 수록하여 간을 건강하게 지킬 수 있도록 해준다.   신국판 / 264쪽 / 11,000원

밥으로 병을 고친다 허봉수 지음
우리가 하루 세 끼 식사에 대하는 밥상이 우리의 건강을 지켜주는 최고의 건강지킴이다. 이 간단 명료한 진리를 알면서도 우리는 다른 방법으로 건강을 지키려고 한다. 건강을 지키는 일은 어렵고 특별한 일이 아니라 보통의 밥상에서 지킬 수 있는 일임을 강조하고 거기에 맞는 실제 사례를 제시하여 비슷한 사례에서 응용할 수 있게 내용을 구성하고 있다.
대국전판 / 352쪽 / 13,500원

알기 쉬운 신장병 119 김형규 지음
신장병은 특별한 증상이 없어 조기진단이 힘들다고 한다. 그러나 진단과 치료의 혜택으로 완치를 할 수 있는 병이라고도 한다. 일상생활 속에서 신장병을 파악할 수 있는 자가진단법, 신장병을 검사하고 치료하는 방법, 신장병과 관련 있는 질병들을 일반인들이 이해하기 수준에서 설명하고 있다. 또한 신장병과 관련 있는 생활 속의 정보를 부록으로 수록하여 내용의 깊이를 더해 주고 있다.   신국판 / 240쪽 / 10,000원

교 육

우리 교육의 창조적 백색혁명 원상기 지음 / 신국판 / 206쪽 / 6,000원

현대생활과 체육 조창남 외 5명 공저 / 신국판 / 340쪽 / 10,000원

퍼펙트 MBA IAE유학네트 지음 / 신국판 / 400쪽 / 12,000원

유학길라잡이 Ⅰ-미국편
IAE유학네트 지음 / 4×6배판 / 372쪽 / 13,900원

유학길라잡이 Ⅱ - 4개국편
IAE유학네트 지음 / 4×6배판 / 348쪽 / 13,900원

조기유학길라잡이.com
IAE유학네트 지음 / 4×6배판 / 428쪽 / 15,000원

현대인의 건강생활 박상호 외 5명 공저 / 4×6배판 / 268쪽 / 15,000원

천재아이로 키우는 두뇌훈련 나카마츠 요시로 지음 / 민병수 옮김
머리가 좋은 아이로 키우기 위한 환경 만들기, 식사, 운동 등 연령별 두뇌 훈련법 소개.   국판 / 288쪽 / 9,500원

두뇌혁명 나카마츠 요시로 지음 / 민병수 옮김
『뇌내혁명』 하루야마 시게오의 추천작!! 어른들을 위한 두뇌 개발서로, 풍요로운 인생을 만들기 위한 '뇌'와 '몸' 자극법 제시.
4×6배판 양장본 / 288쪽 / 12,000원

테마별 고사성어로 익히는 한자
김경익 지음 / 4×6배판 변형 / 248쪽 / 9,800원

生생 공부비법 이은승 지음
국내 최초 수학과와 수출의 주인공 이은승이 개발한 자기만의 맞춤식 공부학습법 소개. 공부도 하는 법을 알면 목표를 달성할 수 있다고 용기를 북돋우어 주는 실전 공부 비법서.   대국전판 / 272쪽 / 9,500원

자녀를 성공시키는 습관만들기 배은경 지음
성공하는 자녀를 꿈꾸는 부모들이 알아야 할 자녀 교육법 소개. 부모는 자녀 인생의 주연이 아님을 알아야 하며 부모의 좋은 습관, 건전한 생각이 자녀의 성공 인생을 가져온다는 내용을 담은 부모 및 자녀 모두를 위한 자기계발서.   대국전판 / 232쪽 / 9,500원

한자능력검정시험 2급 한자능력검정시험연구위원회 편저
국어사전식 단어 배열, 내용을 쉽게 이해할 수 있도록 도와 주는 일러스트, 기출 문제의 완전 분석을 바탕으로 한 예상 문제 수록 등 한자능력검정시험 2급을 준비하는 사람들을 위한 완벽 대비서.   4×6배판 / 472쪽 / 18,000원

한자능력검정시험 3급(3급Ⅱ) 한자능력검정시험연구위원회 편저
4급 한자를 포함한 3급 · 3급Ⅱ 배정한자 1817자 각 한자에 대한 어원 및 실용 사례를 수록하였다. 각 한자의 배열은 가, 나, 다…의 국어사전식 배열을 채택하여 음만 알아도 한자를 쉽게 찾을 수 있게 하였다. 또한 한자의 이해를 돕는 일러스트, 3급 · 3급Ⅱ 한자를 포함한 실생활에 응용할 수 있는 생활한자 코너를 배정하여 학습의 깊이를 더해주고 있다. 끝으로 기출문제 분석에 맞춘 예상문제와 쓰기 배정 한자를 실어 3급 · 3급Ⅱ 한자 학습을 완전하게 익힐 수 있게 하였다.   4×6배판 / 440쪽 / 17,000원

한자능력검정시험 4급(4급Ⅱ) 한자능력검정시험연구위원회 편저
국어사전식 단어 배열, 4급 한자 1000자 필수 수록, 생활에서 활용할 수 있는 활용 한자 요점정리, 생활 속에서 자주 쓰이는 약자, 한자의 이해를 돕기 위한 일러스트와 유래 설명, 4급 한자 1000자를 응용한 한자 심화 학습, 기출 문제를 완전 분석한 후 그에 따라 엄선한 예상문제 수록 등 4급 한자 익히기와 시험에 대비하는 모든 사람들을 위한 완벽 대비서.
4×6배판 / 352쪽 / 15,000원

한자능력검정시험 5급 한자능력검정시험연구위원회 편저
국어사전식 단어 배열, 5급 한자 500자 따라 쓰기, 생활에서 활용할 수 있는 활용 한자 요점정리, 생활 속에서 자주 쓰이는 약자, 한자의 이해를 돕기 위

한 일러스트와 유래 설명, 기출 문제를 완전 분석한 후 그에 따라 엄선한 예상문제 수록 등 5급 한자 익히기와 시험에 대비하는 모든 사람들을 위한 완벽 대비서. 4×6배판 / 264쪽 / 11,000원

한자능력검정시험 6급 한자능력검정시험연구위원회 편저
국어사전식 단어 배열, 6급 한자 300자 따라 쓰기, 생활에서 활용할 수 있는 활용 한자 요점정리, 한자의 이해를 돕기 위한 일러스트와 유래 설명, 기출 문제를 완전 분석한 후 그에 따라 엄선한 예상문제 수록 등 6급 한자 익히기와 시험에 대비하는 모든 사람들을 위한 완벽 대비서.
4×6배판 / 168쪽 / 8,500원

한자능력검정시험 7급 한자능력검정시험연구위원회 편저
국어사전식 단어 배열, 각 한자 배우기에 도움이 되는 일러스트를 곁들이고 한자의 구성 원리를 설명해 놓아 한자 배우기가 재미있고 쉽다. 또한 따라 쓰기를 통해 한자 익히기를 완전하게 끝낼 수 있도록 하였으며 활용 예문을 다양하게 예시해 놓았다. 4×6배판 / 152쪽 / 7,000원

한자능력검정시험 8급 한자능력검정시험연구위원회 편저
8급 한자 50자에 대해 각 한자 배우기에 도움이 되는 일러스트를 곁들이고 한자의 구성 원리를 설명해 놓아 한자 배우기가 재미있고 쉽다. 또한 따라 쓰기를 통해 기본 한자 익히기를 완전하게 끝낼 수 있도록 하였으며 기본 50개의 한자를 활용한 예문을 다양하게 예시해 놓았다.
4×6배판 / 112쪽 / 6,000원

취미 · 실용

김진국과 같이 배우는 와인의 세계 김진국 지음
포도주 역사에서 분류, 원료 포도의 종류와 재배, 양조 · 숙성 · 저장, 시음법, 어울리는 요리와 와인의 유통과 소비, 와인 시장의 현황과 전망, 와인 판매 요령, 와인의 보관과 재고의 회전, '와인 양조 비밀의 모든 것'을 동영상으로 담은 CD까지, 와인의 모든 것이 담긴 종합학습서.
국배판 변형양장본(올 컬러판) / 208쪽 / 30,000원

경제 · 경영

CEO가 될 수 있는 성공법칙 101가지
김승룡 편역 / 신국판 / 320쪽 / 9,500원

정보소프트 김승룡 지음 / 신국판 / 324쪽 / 6,000원

기획대사전 다카하시 겐코 지음 / 홍영의 옮김
기획에 관련된 모든 사항을 실례와 도표를 통하여 초보자에서 프로기획맨에 이르기까지 효율적으로 활용할 수 있도록 체계적으로 총망라하였다.
신국판 / 552쪽 / 19,500원

맨손창업 · 맞춤창업 BEST 74 양혜숙 지음
창업대행 현장 전문가가 추천하는 유망업종을 7가지 주제별로 나누어 수록한 맞춤창업서로 창업예비자들에게 창업의 길을 밝혀줄 발로 뛰면서 만든 실무 지침서!! 신국판 / 416쪽 / 12,000원

무자본, 무점포 창업! FAX 한 대면 성공한다
다카시로 고시 지음 / 홍영의 옮김 / 신국판 / 226쪽 / 7,500원

성공하는 기업의 인간경영 중소기업 노무 연구회 편저 / 홍영의 옮김
무한경쟁시대에서 각 기업들의 다양한 경영 실태 속에서 인사 · 노무 관리 개선에 있어서 기업의 효율을 높이고 발전을 이룰 수 있는 원칙을 제시.
신국판 / 368쪽 / 11,000원

21세기 IT가 세계를 지배한다 김광희 지음
21세기 화두로 떠오른 IT혁명의 경쟁력에 대해서 전문가의 논리적이고 철저한 해설과 더불어 매장 끝까지 실제 사례를 곁들여 설명.
신국판 / 380쪽 / 12,000원

경제기사로 부자아빠 만들기 김기태 · 신현태 · 박근수 공저
날마다 배달되는 경제기사를 꼼꼼히 챙겨보는 사람만이 현대생활에서 부자가 될 수 있다. 언론인의 현장감각과 학자의 전문성을 접목시킨 것이 이 책의 특성! 누구나 이 책을 읽고 경제원리를 체득, 경제예측을 할 수 있게 준비된 생활경제서적. 신국판 / 388쪽 / 12,000원

포스트 PC의 주역 정보가전과 무선인터넷 김광희 지음
포스트 PC의 주역으로 급부상하고 있는 정보가전과 무선인터넷 그리고 이를 구현하기 위한 관련 테크놀러지를 체계적으로 소개.
신국판 / 356쪽 / 12,000원

성공하는 사람들의 마케팅 바이블 채수명 지음
최근의 이론을 보완하여 내놓은 마케팅 관련 실무서. 마케팅의 정보전략, 핵심요소, 컨설팅실무까지 저자의 노하우와 창의적인 이론이 결합된 마케팅서. 신국판 / 328쪽 / 12,000원

느린 비즈니스로 돌아가라 사카모토 게이이치 지음 / 정성호 옮김
미국식 스피드 경영에 익숙해져 현실의 오류를 간과하고 있는 사람들을 위해 어떻게 팔 것인가보다 무엇을 팔 것인가를 설명하는 마케팅 컨설턴트의 대안 제시서! 신국판 / 276쪽 / 9,000원

적은 돈으로 큰도 별 수 있는 부동산 재테크 이원재 지음
700만 원으로 부동산 재테크에 뛰어들어 100배 불린 저자가 부동산 재테크를 계획하고 있는 사람들이 반드시 알아두어야 할 내용을 경험담을 담아 해설해 놓은 경제서. 신국판 / 340쪽 / 12,000원

바이오혁명 이주량 지음
21세기 국가간 경쟁부문으로 새로이 떠오르고 있는 바이오혁명에 관한 기초지식을 언론사에 몸담고 있는 현직 기자가 아주 쉽게 해설해 놓은 바이오 가이드서. 바이오 관련 용어 해설 수록. 신국판 / 328쪽 / 12,000원

성공하는 사람들의 자기혁신 경영기술 채수명 지음
자기 계발을 통한 신지식 자기경영마인드를 갖추어야 한다는 전제 아래 그 방법을 자세하게 알려주는 자기계발 지침서. 신국판 / 344쪽 / 12,000원

CFO 교텐 토요오 · 타하라 오키시 지음 / 민병수 옮김
일반인들에게 생소한 용어인 CFO, 즉 최고 재무책임자의 역할이 지금까지와는 완전히 달라져야 한다. 기업을 이끌어가는 새로운 키잡이로서의 CFO의 역할, 위상 등을 일본의 기업을 중심으로 하여 알아보고 바람직한 방향을 제시한다. 신국판 / 312쪽 / 12,000원

네트워크시대 네트워크마케팅 임동학 지음
학력, 사회적 지위 등에 관계 없이 자신이 노력한 만큼 돈을 벌 수 있는 네트워크마케팅에 관해 알려주는 안내서. 신국판 / 376쪽 / 12,000원

성공리더의 7가지 조건
다이앤 트레이시 · 윌리엄 모건 지음 / 지창영 옮김
개인과 팀, 조직관계의 개선을 위한 방향제시 및 실천을 위한 안내자 역할을 해주는 책. 현장에서 활용할 수 있는 실용서. 신국판 / 360쪽 / 13,000원

김종결의 성공창업 김종결 지음
누구나 창업을 할 수는 있지만 아무나 돈을 버는 것은 아니다라는 전제 아래 중견 연기자로서, 음식점 사장님으로 성공한 탤런트 김종결의 성공비결을 통해 창업전략과 성공전략을 제시한다. 신국판 / 340쪽 / 12,000원

최적의 타이밍에 내 집 마련하는 기술 이원재 지음
부동산을 통한 재테크의 첫걸음 '내 집 마련'의 결정판. 체계적이고 한눈에 쏙 들어 오는 '내 집 장만 과정'을 쉽게 풀어놓은 부동산재테크서.
신국판 / 248쪽 / 10,500원

컨설팅 세일즈 Consulting sales 임동학 지음
발로 뛰는 영업이 아니라 머리로 하는 영업이 절실히 요구되는 시대 상황에 맞추어 고객지향의 세일즈, 과제해결 세일즈, 구매자와 공급자 간에 서로 만족하는 세일즈법 제시. 대국전판 / 336쪽 / 13,000원

연봉 10억 만들기 김농주 지음
연봉으로 말해지는 임금을 재테크 하여 부자가 될 수 있는 방법 제시. 고액

의 연봉을 받기 위해서 개인이 갖추어야 할 실무적 능력, 태도, 마음가짐, 재테크 수단 등을 각 주제에 따라 구체적으로 제시함으로써 부자를 꿈꾸는 사람들이 그 희망을 이룰 수 있게 해준다. 국판 / 216쪽 / 10,000원

주5일제 근무에 따른 한국형 주말창업 최효진 지음
우리나라 실정에 맞는 주말창업 아이템의 제시 및 창업시 필요한 정보를 얻을 수 있는 곳, 주의해야 할 점, 실전 인터넷 쇼핑몰 창업, 표준사업계획서 등을 수록하여 지금 당장이라도 내 사업을 할 수 있게 해주는 창업 길라잡이서. 신국판 변형 양장본 / 216쪽 / 10,000원

돈 되는 땅 돈 안되는 땅 김영준 지음
부동산 틈새시장에서 성공하는 투자 노하우를 신행정수도 예정지 및 고속철도 역세권 등 투자 유망지역을 중심으로 완벽하게 수록해 놓은 부동산 재테크서. 신국판 / 320쪽 / 13,000원

돈 버는 회사로 만들 수 있는 109가지
다카하시 도시노리 지음 / 민병수 옮김
회사경영에서 경영자가 꼭 알아야 할 기본 사항 수록. 내용이 항목별로 정리되어 있어 원하는 자료를 바로 찾아 볼 수 있는 것이 최대의 장점. 이 책을 통해서 불필요한 군살을 빼고 강한 근육질을 가진 돈 버는 회사를 만들어 보자. 신국판 / 344쪽 / 13,000원

프로는 디테일에 강하다 김미현 지음
탄탄하게 자리를 잡은 15군데 중소기업의 여성 CEO들이 회사를 운영하면서 겪은 어려움, 기쁨 등을 자서전 형식을 빌어 솔직 담백하게 얘기했다. 예비 창업자들을 위한 조언, 경영 철학, 성공 요인도 담고 있어 창업을 준비하는 사람들에게 도움이 될 것이다. 신국판 / 248쪽 / 9,000원

머니투데이 송복규 기자의 부동산으로 주머니돈 100배 만들기 송복규 지음
재테크 수단으로 새롭게 각광 받고 있는 부동산을 이용한 재산 증식 방법 수록. 부동산 재료별 특성에 따른 맞춤 투자전략을 제시하고 알아두면 편리한 부동산 상식도 알려준다. 현직 전문 기자의 예리한 분석과 최신 정보가 담겨 있는 부동산재테크 가이드서. 신국판 / 328쪽 / 13,000원

성공하는 슈퍼마켓&편의점 창업 나명환 지음
슈퍼마켓이나 편의점을 창업하려고 하는 사람들을 위한 창업 가이드서. 어느 위치에 얼마만한 크기로, 어떤 상품을 갖추고 어떤 마인드로 창업하고 영업해야 대형할인점과의 경쟁에서 살아남을 수 있는지 등을 저자의 실제 경험과 통계, 전문가들의 의견을 바탕으로 상세하게 소개.
4×6배판 변형 / 500쪽 / 28,000원

대한민국 성공 재테크 부동산 펀드와 리츠로 승부하라 김영준 지음
새로운 재테크 수단으로 세간의 관심을 모으고 있는 부동산 펀드와 리츠에 관한 투자 안내서. 리스크 없이 투자에 성공하기 위해서 알아두어야 할 주의사항, 펀드 및 리츠 관련 상품 설명, 실제로 투자되고 있는 물건을 수록하여 책을 통해서 실전 투자감각을 익힐 수 있게 하였다.
신국판 / 256쪽 / 12,000원

주 식

개미군단 대박맞이 주식투자 홍성걸(한양증권 투자분석팀 팀장) 지음
초보에서 인터넷을 활용한 주식투자까지 필자의 현장에서의 경험을 바탕으로 한 주식 성공전략의 모든 정보 수록. 신국판 / 310쪽 / 9,500원

알고 하자! 돈 되는 주식투자 이길영 외 2명 공저
일본과 미국의 주식시장을 철저한 분석과 데이터를 통해 한국 주식시장의 투자의 흐름을 파악함으로써 한국 주식시장에서의 확실한 성공전략 제시!! 신국판 / 388쪽 / 12,500원

항상 당하기만 하는 개미들의 매도·매수타이밍 999% 적중 노하우 강경무 지음
승부사를 꿈꾸며 와신상담하는 모든 이들에게 희망의 등불이 될 것을 확신하는 Jusicman이 주식시장에서 돈벌고 성공할 수 있는 비결 전격공개!!
신국판 / 336쪽 / 12,000원

부자 만들기 주식성공클리닉 이창희 지음
저자의 경험담을 섞어서 주식이란 무엇인가를 풀어서 써놓은 주식입문서. 초보자와 자신을 성찰해볼 기회를 가지려는 기존의 투자자를 위해 태어났다. 신국판 / 372쪽 / 11,500원

선물·옵션 이론과 실전매매 이창희 지음
선물과 옵션시장에서 일반인들이 실패하는 원인을 분석하고, 반드시 지켜야 할 투자원칙에 따라 유형별로 실전 매매 테크닉을 터득함으로써 투자를 성공적으로 할 수 있게 한 지침서!! 신국판 / 372쪽 / 12,000원

너무나 쉬워 재미있는 주가차트 홍성무 지음
주식시장에서는 차트 분석을 통해 주가를 예측하는 투자자만이 주식투자에서 성공하므로 차트에서 급소를 신속, 정확하게 뽑아내 매매타이밍을 잡는 방법을 알려주는 주식투자 지침서. 4×6배판 / 216쪽 / 15,000원

역 학

역리종합 만세력 정도명 편저 / 신국판 / 532쪽 / 10,500원

작명대전 정보국 지음 / 신국판 / 460쪽 / 12,000원

하락이수 해설 이천교 편저 / 신국판 / 620쪽 / 27,000원

현대인의 창조적 관상과 수상 백운산 지음 / 신국판 / 344쪽 / 9,000원

대운용신영부적 정재원 지음 / 신국판 양장본 / 750쪽 / 39,000원

사주비결활용법 이세진 지음 / 신국판 / 392쪽 / 12,000원

컴퓨터세대를 위한 新 성명학대전 박용찬 지음 / 신국판 / 388쪽 / 11,000원

길흉화복 꿈풀이 비법 백운산 지음 / 신국판 / 410쪽 / 12,000원

새천년 작명컨설팅 정재원 지음 / 신국판 / 492쪽 / 13,900원

백운산의 신세대 궁합 백운산 지음 / 신국판 / 304쪽 / 9,500원

동자삼 작명학 남시모 지음 / 신국판 / 496쪽 / 15,000원

구성학의 기초 문길여 지음 / 신국판 / 412쪽 / 12,000원

법률 일반

여성을 위한 성범죄 법률상식 조명원(변호사) 지음
성희롱에서 성폭력범죄까지 여성이었기 때문에 특히 말 못하고 당해야만 했던 이 땅의 여성들을 위한 성범죄 법률상식서. 사례별 법적 대응방법 제시. 신국판 / 248쪽 / 8,000원

아파트 난방비 75% 절감방법 고영근 지음
예비역 공군소장이 잘못 부과된 아파트 난방비를 최고 75%까지 줄일 수 있는 방법을 구체적인 법적 근거를 토대로 작성한 아파트 난방비 절감방법 제시. 신국판 / 238쪽 / 8,000원

일반인이 꼭 알아야 할 절세전략 173선 최성호(공인회계사) 지음
세법을 제대로 알면 돈이 보인다. 현직 공인중개사가 알려주는 합법적으로 세금을 덜 내고 돈을 버는 절세전략의 모든 것! 신국판 / 392쪽 / 12,000원

변호사와 함께하는 부동산 경매 최환주(변호사) 지음
새 상가건물임대차보호법에 따른 권리분석과 채무자나 세입자의 권리방어 기법은 제시한다. 또한 새 민사집행법에 따른 각 사례별 해설도 수록.
신국판 / 404쪽 / 13,000원

혼자서 쉽고 빠르게 할 수 있는 소액재판 김재용·김종철 공저
나홀로 소액재판을 할 수 있도록 소장작성에서 판결까지의 실제 재판과정을 상세하게 수록하여 이 책 한 권이면 모든 것을 완벽하게 해결할 수 있다.
신국판 / 312쪽 / 9,500원

"술 한 잔 사겠다"는 말에서 찾아보는 채권 · 채무 변환철(변호사) 지음
일반인들이 꼭 알아야 할 채권 · 채무에 관한 법률 사항을 빠짐없이 수록.
신국판 / 408쪽 / 13,000원

알기쉬운 부동산 세무 길라잡이 이건우(세무서 재산계장) 지음
부동산에 관련된 모든 세금을 알기 쉽게 단계별로 해설. 합리적이고 탈세가
아닌 적법한 절세법 제시. 신국판 / 400쪽 / 13,000원

알기쉬운 어음, 수표 길라잡이 변환철(변호사) 지음
어음, 수표의 발행에서부터 도난 또는 분실한 경우의 공시최고와 제권판결
에 이르기까지 어음, 수표 관련 법률사항을 쉽고도 상세하게 압축해 놓은
생활법률서. 신국판 / 328쪽 / 11,000원

제조물책임법 강동근(변호사) · 윤종성(검사) 공저
제품의 설계, 제조, 표시상의 결함으로 소비자가 피해를 입었을 때 제조업
자가 배상책임을 져야 하는 제조물책임 시대를 맞아 제조업자가 갖춰야 할
법률적 지식을 조목조목 설명해 놓은 법률서. 신국판 / 368쪽 / 13,000원

알기 쉬운 주5일근무에 따른 임금 · 연봉제 실무 문강분(공인노무사) 지음
최근의 행정해석과 판례를 중심으로 임금관련 문제를 정리하고 기업에서
관심이 많은 연봉제 및 성과배분제, 비정규직문제, 여성근로자문제 등의 이
슈들과 주40시간제 법개정, 퇴직연금제 도입 등 최근의 법 · 시행령 개정사
항을 모두 수록한 임금 · 연봉제실무 지침서.
4×6배판 변형 / 544쪽 / 35,000원

변호사 없이 당당히 이길 수 있는 형사소송 김대환 지음
우리 생활과 함께 숨쉬는 형사법 서식을 구체적인 사례와 함께 소개. 내 손
으로 간결하고 명확한 고소장 · 항소장 · 상고장 등 형사소송서식을 작성할
수 있다. 형사소송 관련 서식 CD 수록. 신국판 / 304쪽 / 13,000원

변호사 없이 당당히 이길 수 있는 민사소송 김대환 지음
민사, 호적과 가사를 포함한 생활과 밀접한 관련이 있는 생활법률 전반을
보통 사람들이 가장 궁금해하는 내용을 위주로 하여 사례를 들어가며 아주
쉽게 풀어놓은 민사 실무서. 신국판 / 412쪽 / 14,500원

혼자서 해결할 수 있는 교통사고 Q&A 조명원(변호사) 지음
현실에서 본인이 아무리 원하지 않더라도 운명처럼 누구에게나 닥칠 수 있
는 교통사고 문제를 사례, 각급 법원의 주요 판례와 함께 정리하여 일반인
들도 쉽게 이해할 수 있도록 내용 구성. 신국판 / 336쪽 / 12,000원

생활법률

부동산 생활법률의 기본지식
대한법률연구회 지음 / 김원중(변호사) 감수 / 신국판 / 480쪽 / 12,000원

고소장 · 내용증명 생활법률의 기본지식
하태웅(변호사) 지음 / 신국판 / 440쪽 / 12,000원

노동 관련 생활법률의 기본지식
남동희(공인노무사) 지음 / 신국판 / 528쪽 / 14,000원

외국인 근로자 생활법률의 기본지식
남동희(공인노무사) 지음 / 신국판 / 400쪽 / 12,000원

계약작성 생활법률의 기본지식
이상도(변호사) 지음 / 신국판 / 560쪽 / 14,500원

지적재산 생활법률의 기본지식
이상도(변호사) · 조의제(변리사) 공저 / 신국판 / 496쪽 / 14,000원

부당노동행위와 부당해고 생활법률의 기본지식
박영수(공인노무사) 지음 / 신국판 / 432쪽 / 14,000원

주택 · 상가임대차 생활법률의 기본지식
김운용(변호사) 지음 / 신국판 / 480쪽 / 14,000원

하도급거래 생활법률의 기본지식
김진흥(변호사) 지음 / 신국판 / 440쪽 / 14,000원

이혼소송과 재산분할 생활법률의 기본지식
박동섭(변호사) 지음 / 신국판 / 460쪽 / 14,000원

부동산등기 생활법률의 기본지식
정상태(법무사) 지음 / 신국판 / 456쪽 / 14,000원

기업경영 생활법률의 기본지식
안동섭(단국대 교수) 지음 / 신국판 / 466쪽 / 14,000원

교통사고 생활법률의 기본지식
박정무(변호사) · 전병찬 공저 / 신국판 / 480쪽 / 14,000원

소송서식 생활법률의 기본지식
김대환 지음 / 신국판 / 480쪽 / 14,000원

호적 · 가사소송 생활법률의 기본지식
정주수(법무사) 지음 / 신국판 / 516쪽 / 14,000원

상속과 세금 생활법률의 기본지식
박동섭(변호사) 지음 / 신국판 / 480쪽 / 14,000원

담보 · 보증 생활법률의 기본지식
류창호(법학박사) 지음 / 신국판 / 436쪽 / 14,000원

소비자보호 생활법률의 기본지식
김성천(법학박사) 지음 / 신국판 / 504쪽 / 15,000원

판결 · 공정증서 생활법률의 기본지식
정상태(법무사) 지음 / 신국판 / 312쪽 / 13,000원

처 세

성공적인 삶을 추구하는 여성들에게 우먼파워
조안 커너 · 모이라 레이너 공저 / 지창영 옮김
사회의 여성을 향한 냉대와 편견의 벽을 깨뜨리고 성공적인 삶을 이루려는
여성들이 갖추어야 할 자세 및 삶의 이정표 제시!! 신국판 / 352쪽 / 8,800원

聽 이익이 되는 말 話 손해가 되는 말 우메시마 미요 지음 / 정성호 옮김
직장이나 집안에서 언제나 주고받는 일상의 화제를 모아 실음으로써 대화
의 참의미를 깨닫고 비즈니스를 성공적으로 이끌기 위한 대화술을 키우는
방법 제시!! 신국판 / 304쪽 / 9,000원

성공하는 사람들의 화술테크닉 민영욱 지음
개인간의 사적인 대화에서부터 대중을 위한 공적인 강연에 이르기까지 어
떻게 말하고 어떻게 스피치를 할 것인가에 관한 지침서.
신국판 / 320쪽 / 9,500원

부자들의 생활습관 가난한 사람들의 생활습관
다케우치 야스오 지음 / 홍영의 옮김
경제학의 발상을 기본으로 하여 사람들이 살아가면서 생활에서 생각해 볼
수 있는 이익을 보는 생활습관과 손해를 보는 생활습관을 수록, 독자 자신
에게 맞는 생활습관의 기본 전략을 설계할 수 있도록 제시.
신국판 / 320쪽 / 9,800원

코끼리 귀를 당긴 원숭이-히딩크식 창의력을 배우자 강충인 지음
코끼리와 원숭이의 우화를 히딩크의 창조적 경영기법과 리더십에 대비하여
자기혁신, 기업혁신을 꾀하는 창의력 개발법을 제시.
신국판 / 208쪽 / 8,500원

성공하려면 유머와 위트로 무장하라 민영욱 지음
21세기에 들어 새로운 추세를 형성하고 있는 말 잘하기. 이러한 추세에 맞
추어 현재 스피치 강사로 활약하고 있는 저자가 말을 잘하는 방법과 유머와
위트를 만들고 즐기는 방법을 제시한다. 신국판 / 292쪽 / 9,500원

등소평의 **오뚝이전략** 조창남 편저
중국 역사상 정치·경제·학문 등의 분야에서 최고 위치에 오른 리더들의
인재활용, 상황 극복법 등 처세 전략·전술을 통해 이 시대의 성공인으로
자리매김하는 해법 제시. 신국판 / 304쪽 / 9,500원

노무현 화술과 화법을 통한 이미지 변화 이현정 지음
현재 불교방송에서 활동하고 있는 이현정 아나운서의 화술 길라잡이서. 노
무현 대통령의 독특한 화술과 화법을 통해 리더로서, 성공인으로서 갖추어
야 할 화술 화법을 배우는 화술 실용서. 신국판 / 320쪽 / 10,000원

성공하는 사람들의 **토론의 법칙** 민영욱 지음
다양한 사람들의 다양한 욕구를 하나로 응집시키는 수단으로 등장하고 있
는 토론에 관해 간단하고 쉽게 제시한 토론 길라잡이서.
신국판 / 280쪽 / 9,500원

사람은 칭찬을 먹고산다 민영욱 지음
현대에서 성공하는 사람으로 남기 위해서는 남을 칭찬할 줄도 알아야 한다.
성공하는 사람이 되기 위해서 알아야 할 칭찬 스피치의 기법, 특징 등을 실
생활에 적용해 설명해놓은 성공처세 지침서.
신국판 / 268쪽 / 9,500원

사과의 기술 김농주 지음
미안하다는 말에 인색한 한국인들에게 "I' sorry."가 성공을 위한 처세 기법
으로 다가온다. 직장, 가정 등 다양한 환경에서 사과 한마디의 의미, 기능을
알아보고 효율성을 가진 사과가 되기 위해 갖추어야 할 조건을 제시한다.
신국판 변형 양장본 / 200쪽 / 10,000원

취업 경쟁력을 높여라 김농주 지음
각 기업별 특성 및 취업 정보 분석과 예비 취업자의 능력 개발, 자신의 적성
에 맞는 직종과 직장을 잡는 법을 상세하게 수록. 신국판 / 280쪽 / 12,000원

명 상

명상으로 얻는 깨달음 달라이 라마 지음 / 지창영 옮김
티베트의 정신적 지도자이자 실질적 지도자인 달라이 라마의 수많은 가르
침 가운데 현대인에게 필요해지고 있는 인내에 대한 이야기.
국판 / 320쪽 / 9,000원

어 학

2진법 영어 이상도 지음
2진법 영어의 비결을 통해서 기존 영어학습 방법의 단점을 말끔히 해소시
켜 주는 최초로 공개되는 고효율 영어학습 방법. 적은 시간을 투자하여 영
어의 모든 것을 획기적으로 향상시킬 수 있는 비법을 제시한다.
4×6배판 변형 / 328쪽 / 13,000원

한 방으로 끝내는 영어 고제윤 지음
일상생활에서의 이야기를 바탕으로 하는 영어강의로 영어문법은 재미없고
지루하다고 생각하는 이 땅의 모든 사람들의 상식을 깨면서 학습 효과를 높
이기 위한 공부방법을 제시하는 새로운 영어학습서.
신국판 / 316쪽 / 9,800원

한 방으로 끝내는 영단어 김승엽 지음 / 김수경·카렌다 감수
일상생활에서 우리가 무심코 던지는 영어 한마디가 당신의 영어수준을 드
러낸다는 사실을 깨닫게 하는 영어 실용서. 풍부한 예문을 통해 참영어를
배우겠다는 사람, 무역업이나 관광 안내업에 종사하는 사람, 영어권 나라로
이민을 가려는 사람들에게 많은 도움을 줄 것이다.
4×6배판 변형 / 236쪽 / 9,800원

해도해도 안 되던 영어회화 **하루에 30분씩 90일이면 끝낸다**
Carrot Korea 편집부 지음

온라인과 오프라인을 넘나들면서 영어학습자들의 각광을 받고 있는 린다의
현지 생활 영어 수록. 교과서에서 배울 수 없었던 생생한 실생활 영어를 90
일 학습으로 모두 끝낼 수 있다. 4×6배판 변형 / 260쪽 / 11,000원

바로 활용할 수 있는 **기초생활영어** 김수경 지음
다양한 상황에 대처할 수 있도록 인사나 감정 표현, 전화나 교통, 장소 및
기타 여러 사항에 관한 기초생활영어를 총망라. 신국판 / 240쪽 / 10,000원

바로 활용할 수 있는 **비즈니스영어** 김수경 지음
해외 출장시, 외국의 바이어 접견시 기본적으로 사용할 수 있는 상황별 센
텐스를 수록하여 해외 출장 준비 및 외국 바이어 접견을 완벽하게 끝낼 수
있게 했다. 신국판 / 252쪽 / 10,000원

생존영어55 홍일록 지음
살아 있는 영어를 익힐 수 있는 기회 제공. 반드시 알아야 할 핵심 센텐스를
저자가 미국 현지에서 겪었던 황당한 사건들과 함께 수록, 재미도 느낄 수
있다. 신국판 / 224쪽 / 8,500원

필수 여행영어회화 한현숙 지음
해외로 여행을 갔을 때 원어민에게 바로 통할 수 있는 발음 수록. 자신 있고
당당한 자기 표현으로 즐거운 여행을 할 수 있도록 손안의 가이드 역할을
해줄 것이다. 4×6판 변형 / 328쪽 / 7,000원

필수 여행일어회화 윤영자 지음
가깝고도 먼 나라라고 흔히 말해지는 일본을 제대로 알기 위해 노력하는 사
람들에게 손안의 가이드 역할을 하는 실전 일어회화집. 일어 초보자들을 위
한 한글 발음 표기 및 필수 단어 수록. 4×6판 변형 / 264쪽 / 6,500원

필수 여행중국어회화 이은진 지음
중국에서의 생활이나 여행에 꼭 필요한 상황별 회화. 반드시 알아야 할
1500여 개의 단어에 한자병음과 우리말 발기를 원음에 가깝게 달아 놓았
으므로 든든한 도우미가 되어 줄 것이다. 4×6판 변형 / 256쪽 / 7,000원

영어로 배우는 중국어 김승엽 지음
중국으로 여행을 가거나 출장을 가는 사람들이 알아두어야 할 기초 생활 회
화와 여행 회화를 영어, 중국어 동시에 익힐 수 있게 내용을 구성.
신국판 / 216쪽 / 9,000원

필수 여행스페인어회화 유연창 지음
은행, 병원, 교통 수단 이용하기 등 외국에서 직접적으로 맞닥뜨리게 되는
상황을 설정하여 바로바로 도움을 받을 수 있게 간단한 회화를 한글 발음
표기와 같이 수록하여 손안의 도우미 역할을 해줄 것이다.
4×6판 변형 / 288쪽 / 7,000원

바로 활용할 수 있는 **홈스테이 영어** 김형주 지음
일반 가정생활, 학교생활에서 꼭 알아야 할 상황별 회화·문법·단어를 수
록, 유학생활 동안 원어민 가족과 살면서 영어를 좀더 쉽게 배울 수 있도록
알려주는 안내서. 신국판 / 184쪽 / 9,000원

레포츠

수열이의 브라질 축구 탐방 **삼바 축구, 그들은 강하다** 이수열 지음
축구에 대한 관심만으로 각 나라의 축구팀, 특히 브라질 축구팀에 애정을
가지고 브라질 축구팀의 전력 및 각 선수들의 장단점을 나름대로 분석하고
연구하여 자신의 의견을 피력하고 있는 축구 길라잡이서.
신국판 / 280쪽 / 8,500원

마라톤, 그 아름다운 도전을 향하여
빌 로저스·프리실라 웰치·조 헨더슨 공저 / 오인환 감수 / 지창영 옮김
마라톤에 입문하고자 하는 초보 주자들을 위한 마라톤 가이드서. 올바르게
달리는 법, 음식 조절법, 달리기 전 준비운동, 주자에게 맞는 프로그램 짜
기, 부상 예방법을 상세하게 설명하고 있다. 4×6배판 / 320쪽 / 15,000원

퍼팅 메커닉 이근택 지음

감각에 의존하는 기존 방식의 퍼팅은 이제 그만!!
저자 특유의 과학적 이론을 신체근육 운동학에 접목시켜 몸의 무리를 최소
한으로 덜고 최대한의 정확성과 거리감을 갖게 하는 새로운 퍼팅 메커닉
북. 4×6배판 변형 / 192쪽 / 18,000원

아마골프 가이드 정영호 지음

골프를 처음 시작하는 모든 아마추어 골퍼를 위해 보다 쉽고 빠르게 이해할
수 있도록 내용이 구성된 아마골프 레슨 프로그램서.
4×6배판 변형 / 216쪽 / 12,000원

인라인스케이팅 100%즐기기 임미숙 지음

레저 문화에 새로운 강자로 자리매김하고 있는 인라인 스케이팅을 안전하
고 재미있게 즐길 수 있도록 알려주는 인라인 스케이팅 지침서. 각단계별
동작을 한눈에 알아볼 수 있도록 세부 동작별 일러스트 수록.
4×6배판 변형 / 172쪽 / 11,000원

배스낚시 테크닉 이종건 지음

현재 한국배스스쿨에서 강사로 활약하고 있는 아마추어 배스 낚시꾼이 중
급 수준의 배스 낚시꾼들이 자신의 실력을 한 단계 업그레이드 시킬 수 있
도록 루어의 활용, 응용법 등을 상세하게 해설.
4×6배판 / 440쪽 / 20,000원

나도 디지털 전문가 될 수 있다!!! 이승훈 지음

깜찍한 디자인과 간편하게 휴대할 수 있다는 장점 때문에 새로운 생활필수
품으로 자리를 잡아가고 있는 디카·디캠을 짧은 시간 안에 쉽게 배울 수
있도록 해놓은 초보자를 위한 디카·디캠길라잡이서.
4×6배판 / 320쪽 / 19,200원

스키 100% 즐기기 김동환 지음

스키 인구의 확산 추세에 따라 스키의 기초 이론 및 기본 동작부터 상급의
기술까지 단계별 동작을 전문가의 동작사진을 곁들여 내용 구성.
4×6배판 변형 / 184쪽 / 12,000원

태권도 총론 하웅의 지음

우리의 국기 태권도에 관한 실용 이론서. 지도자가 알아야 할 사항, 태권도
장 운영이론, 응급처치법 및 태권도 경기규칙 등 필수 내용만 수록.
4×6배판 / 288쪽 / 15,000원

건강하고 아름다운 동양란 기르기 난마을 지음

동양란 재배의 첫걸음부터 전시회 출품까지 동양란의 모든 것 수록. 동양란
의 구조·특징·종류·감상법, 꽃대 관리·꽃 피우기·발색 요령 등 건강
하고 아름다운 동양란 만들기로 구성. 4×6배판 변형 / 184쪽 / 12,000원

수영 100% 즐기기 김종만 지음

물 적응하기부터 수영용품, 수영과 건강, 응용수영 및 고급 수영기술에 이
르기까지 주옥 같은 수중촬영 연속사진으로 자세히 설명해 주는 수영기법
Q&A. 4×6배판 변형 / 248쪽 / 13,000원

애완견114 황양원 엮음

애완견 길들이기, 애완견의 먹거리, 멋진 애완견 만들기, 애완견의 질병 예
방과 건강, 애완견의 임신과 출산, 애완견에 대한 기타 관리 등 애완견을 기
를 때 반드시 알아야 할 내용 수록. 4×6배판 변형 / 228쪽 / 13,000원

건강을 위한 웰빙 걷기 이강옥 지음

건강 운동으로서 많은 사람들의 관심을 모으고 있는 걷기운동을 상세하게
설명. 걷기시 필요한 장비, 올바른 걷기 자세를 설명하고 고혈압·당뇨병·
비만증·골다공증 등 성인병과 관련해 걷기운동을 했을 때 얻을 수 있는 효
과를 수록하여 성인병을 예방하고 치료할 수 있도록 하였다.
대국전판 / 280쪽 / 10,000원

우리 땅 우리 문화가 살아 숨쉬는 옛터 이형권 지음

우리나라에서 가장 가보고 싶은 역사의 현장 19곳을 선정, 그 터에 어린 조
상의 숨결과 역사적 증언을 만날 수 있는 시간 제공. 맛있는 집, 찾아가는
길, 꼭 가봐야 할 유적지 등 핵심 내용 선별 수록.

대국전판 올컬러 / 208쪽 / 9,500원

아름다운 산사 이형권 지음

우리나라의 대표적인 산사를 찾아 계절 따라 산사가 주는 이미지, 산사가
안고 있는 역사적 의미를 되새겨 본다. 동시에 산사를 찾음으로써 생활에
찌든 현대인들이 삶의 활력을 되찾는 시간을 갖게 한다.
대국전판 올컬러 / 208쪽 / 9,500원

골프 100타 깨기 김준모 지음

읽고 따라 하기만 해도 100타를 깰 수 있는 골프의 전략·전술의·비법 공
개. 뛰어난 골프 실력은 올바른 그립과 어드레스에서 비롯됨을 강조한 초보
자를 위한 실전 골프 지침서. 4×6배판 변형 / 136쪽 / 10,000원

쉽고 즐겁게! 신나게! 배우는 재즈댄스 최재선 지음

몸치인 사람도 쉽게 따라 하고 배우는 재즈댄스 안내서. 이 책에 실려 있는
기본 동작을 익혀 재즈댄스를 하면 생활 속의 긴장과 스트레스를 털어버리
고 활력을 되찾을 수 있으며, 다이어트 효과도 얻을 수 있다.
4×6배판 변형 / 200쪽 / 12,000원

맛과 멋이 있는 낭만의 카페 박성찬 지음

가족끼리, 연인끼리 추억을 만들고 행복한 시간을 보낼 수 있는 서울 근교
의 카페를 엄선하여 소개. 카페에 대한 인상 및 기본 정보, 인근 볼거리 등
도 함께 수록하여 손안의 인터넷 정보서가 될 수 있게 했다.
대국전판 올컬러 / 168쪽 / 12,000원

한국의 숨어 있는 아름다운 풍경 이종원 지음

우리 나라의 숨어 있는 아름다운 풍경을 찾아 소개하는 여행서. 저자의 여
행 감상과 먹거리, 볼거리, 사람 사는 이야기가 담겨 있어 안내서라기보다
는 답사기라고 할 수 있다. 서정과 사진이 풍부하게 담겨 있는 그곳에 가고
싶다 시리즈 4번째 책. 대국전판 올컬러 / 208쪽 / 9,900원

사람이 있고 자연이 있는 아름다운 명산 박기성 지음

산을 좋아하는 사람들을 위한 산 안내서. 한번쯤 가보면 좋을 산을 엄선하
여 그 산이 갖는 매력을 서정성 짙은 글로 풀어 놓았다. 가는 방법과 둘러
보아야 할 곳도 덤으로 설명. 대국전판 올컬러 / 176쪽 / 12,000원

마음의 고향을 찾아가는 여행 포구 김인자 지음

일상 생활에서 벗어나고 싶다면 우리 국토의 진정한 아름다움을 느끼게 해
주는 포구로 가보자. 사람냄새, 자연이 어우러진 역동성에 삶의
의욕을 되찾을 수 있을 것이다. 시인이자 여행가인 김인자 님이 소개하는
가볼 만한 대표적인 포구 20곳 수록. 볼거리, 먹거리와 함께 서정성 넘치는
글로 포구의 낭만, 삶의 현장을 소개. 대국전판 올컬러 / 224쪽 / 14,000원

골프 90타 깨기 김광섭 지음

90타를 깨고 싱글로 진입할 수 있게 해주는 실전 골프 테크닉서. 스트레칭,
세트 업, 드라이버 스윙, 샷, 어프로치, 퍼팅, 벙커 샷 등의 스윙 원리를 요
점을 짚어 정리해 놓았으므로 골퍼 자신의 잘못된 스윙을 바로잡는데 많은
도움이 될 것이다. 또한 연습장에서 스윙 연습을 하는 방법도 수록해 골프
의 재미를 한층 더 배가시켜 즐길 수 있게 하였다.
4×6배판 변형 / 148쪽 / 11,000원

생명이 살아 숨쉬는 한국의 아름다운 강 민병준 지음

물놀이를 하는 아이들, 재첩을 잡는 사람들, 두물머리에 서 있는 연인들. 이
모습은 우리 나라의 강변에서 볼 수 있는 정겨운 장면이다. 우리 나라의 대
표적인 강 15곳을 엄선하여 찾아가는 법, 먹거리, 잘 곳 등을 함께 수록. 또
한 강과 연관 있는 인근의 볼거리를 수록하여 가족이나 연인 사이에는 추억
을 만들고, 자녀와는 역사공부도 할 수 있게 내용을 아기자기 하게 꾸민 강
여행서. 대국전판 올컬러 / 168쪽 / 12,000원

생명이 살아 숨쉬는 한국의 아름다운 강

2005년 6월 15일 제1판 1쇄 발행

지은이/민병준
펴낸이/강선희
펴낸곳/가림출판사

등록/1992. 10. 6. 제4-191호
주소/서울시 광진구 구의동 57-71 부원빌딩 4층
대표전화/458-6451   팩스/458-6450
홈페이지 http://www.galim.co.kr
e-mail galim@galim.co.kr

값 12,000원

ISBN 89-7895-201-1 13980